中学生可以这样学 Python（微课版）

董付国　应根球◎著

清华大学出版社
北京

内 容 简 介

本书以 Python 3.7.x 为主，同时兼容 Python 3.4.x、Python 3.5.x 和 Python 3.6.x，并考虑了 Python 3.8.x 的部分新特性，重点介绍 Python 基本语法以及常用内置对象和标准库对象的用法。主要内容包括 Python 开发环境、Python 基本数据类型、运算符与内置函数，常用的选择结构语法和应用，for 循环与 while 循环，列表、元组、字典、集合和字符串等常用序列结构，函数基本用法，面向对象程序设计，解析算法、枚举算法、递推算法、递归算法、排序算法及查找算法的原理与 Python 实现，SQLite 数据库及 Python 操作 SQLite 数据库的方法，大数据处理基础及 Spark 编程基础知识，最后通过电子时钟、猜数游戏、通讯录管理程序、图片浏览程序和温度单位转换程序这几个综合案例介绍 Python 的项目开发过程。

本书适合作为中学生"信息技术"课程的配套阅读资料，也可作为初学 Python 入门参考书。

本书封面贴有清华大学出版社防伪标签，无标签者不得销售。
版权所有，侵权必究。举报：010-62782989，beiqinquan@tup.tsinghua.edu.cn。

图书在版编目(CIP)数据

中学生可以这样学 Python：微课版/董付国，应根球著.—2 版.—北京：清华大学出版社,2020.8 (2024.11 重印)
ISBN 978-7-302-55463-9

Ⅰ.①中⋯ Ⅱ.①董⋯ ②应⋯ Ⅲ.①软件工具—程序设计—青少年读物 Ⅳ.①TP311.561-49

中国版本图书馆 CIP 数据核字(2020)第 086273 号

责任编辑：白立军
封面设计：杨玉兰
责任校对：胡伟民
责任印制：丛怀宇

出版发行：清华大学出版社
网　　址：https://www.tup.com.cn,https://www.wqxuetang.com
地　　址：北京清华大学学研大厦 A 座
邮　　编：100084
社 总 机：010-83470000
邮　　购：010-62786544
投稿与读者服务：010-62776969，c-service@tup.tsinghua.edu.cn
质量反馈：010-62772015，zhiliang@tup.tsinghua.edu.cn
课件下载：https://www.tup.com.cn,010-83470236

印 装 者：三河市龙大印装有限公司
经　　销：全国新华书店
开　　本：185mm×230mm　　印　张：17　　字　数：290 千字
版　　次：2017 年 11 月第 1 版　 2020 年 8 月第 2 版　　印　次：2024 年 11 月第 4 次印刷
定　　价：59.00 元

产品编号：087626-01

前 言

　　Python 语言由 Guido van Rossum 于 1989 年底开始设计，并于 1991 年公开发行，比 Java 语言面世还要早 4 年。经过近 30 年的发展，Python 已经渗透到统计分析、移动终端开发、科学计算可视化、系统安全、逆向工程、软件测试与软件分析、密码学、电子取证、图形图像处理、人工智能、机器学习、深度学习、游戏设计与策划、网站开发、数据爬取与大数据处理、系统运维、音乐编程、影视特效制作、计算机辅助教育、医药辅助设计、天文信息处理、化学、生物信息处理、神经科学与心理学、自然语言处理、电子电路设计、树莓派等几乎所有专业和领域，在黑客领域更是一直拥有霸主地位。

　　著名搜索引擎 Google 的核心代码使用 Python 实现，迪士尼公司的动画制作与生成采用 Python 实现，几乎所有 UNIX 和 Linux 操作系统都默认安装了 Python 解释器，豆瓣网使用 Python 作为主体开发语言进行网站架构和相关应用的设计与开发，网易网络游戏超过 70％的服务器端代码采用 Python 进行设计与开发，易度的 PaaA 企业应用云端开发平台和百度云计算平台 BAE 也都大量采用了 Python 语言，eBay 使用 Python 已经超过 18 年，美国宇航局使用 Python 实现了 CAD/CAE/PDM 库及模型管理系统，雅虎使用 Python 建立全球范围的站点群，微软集成开发环境 Visual Studio 2015 开始默认支持 Python 语言，开源 ERP 系统 Odoo 完全采用 Python 语言开发，树莓派使用 Python 作为官方编程语言，引力波数据使用 Python 进行处理和分析，TensorFlow 等大量深度学习框架都提供了 Python 接口，YouTube、美国银行也在大量使用 Python 进行开发，类似的案例数不胜数。

　　Python 是一门免费、开源的跨平台解释型高级动态编程语言，支持命令式编程、函数式编程和面向对象程序设计,拥有大量功能强大的内置对象、标准库和涉及各行业领域的扩展库,使得各领域的工程师、科研人员、策划人员和管理人员都能够快速实现和验证自己的思路、创意或者推测。在有些编程语言中需要编写大量代码才能实现的功能,在 Python 中直接调用内置函数或标准库方法即可实现,大幅度减少了代码量,更加方便代码阅读和维护。Python 用户只需要把主要精力放在业务逻辑的设计与实现上,在开发速度和运行效率之间达到了完美的平衡,其精妙之处令人赞叹。

内容组织与阅读建议

本书共 11 章,其中应根球老师负责编写 2.4.4、2.4.5、11.5 节的内容,并在全书内容组织过程中提供了大量非常好的思路和建议。本书重点介绍 Python 基本语法和内置对象的用法,以 Python 为载体介绍了中学阶段常用的算法,以及数据库操作和大数据处理的一些基础知识。书中设计了大量例题和源代码,并配有相应的例题解析和代码注释,建议读者不要错过任何一个知识点,反复阅读和认真体会 Python 语言的奥妙,并亲自动手输入和调试这些代码。如果对某段代码暂时看不懂的话,很可能是使用到了后面的知识,因此作者建议先把全书内容快速浏览一遍,了解大概有哪些知识,然后再从头到尾仔细阅读并在必要的时候翻阅相关章节。

第 1 章介绍 Python 语言编程规范与代码优化建议、开发环境配置、扩展库安装以及标准库与扩展库对象的导入和使用。

第 2 章介绍 Python 基本数据类型、运算符与内置函数的用法以及 math、random、datetime 和 tkinter 等常用标准库的用法。

第 3 章介绍选择结构语法和应用。

第 4 章介绍 for 循环与 while 循环以及 break 语句和 continue 语句的用法。

第 5 章介绍列表、元组、字典、集合、字符串等常用序列结构以及列表推导式与生成器推导式、序列解包与切片操作。

第 6 章介绍函数基本语法、函数参数、变量作用域、函数递归调用以及 lambda 表达式。

第 7 章介绍类的定义与实例化、数据成员与成员方法、私有成员与公有成员以及类方法与静态方法。

第 8 章介绍解析算法、枚举算法、递推算法、递归算法、排序算法以及查找算法的原理与 Python 实现。

第 9 章介绍 SQLite 数据库、常用 SQL 语句以及 Python 操作 SQLite 数据库的方法。

第 10 章介绍大数据处理基础、大数据的基本概念与主要特征以及 pyspark 编程基础知识。

第 11 章通过电子时钟、猜数游戏、通讯录管理程序、图片浏览程序和温度单位转换程序综合案例介绍 Python 的项目开发过程。

配套资源

本书提供所有案例源代码，可以扫描书中二维码下载，也可以登录清华大学出版社网站(www.tup.com.cn)下载，或加入本书读者群(QQ 群号为 618117142，加入时请注明"中学生读者"，如果这个群满了则会在群简介中给出下一个群号)下载最新配套资源并与作者交流，也欢迎关注微信公众号"Python 小屋"及时阅读作者写的最新代码和观看本书配套微课视频，书中对应位置也有视频二维码可以直接扫描观看。

本书适用读者

本书可以作为(但不限于)：
- 中学生"信息技术"课程的配套阅读资料。
- Python 入门参考书。

感谢

感谢每一位读者，感谢您在茫茫书海中选择了这本书，希望您能够从本书中受益，学到真正需要的知识！衷心祝愿每一位同学都能考上理想的大学，同时也期待大家的

热心反馈，随时欢迎您指出书中的不足！

　　本书在编写出版过程中得到了清华大学出版社的大力支持和帮助，尤其是非常有远见的责任编辑白立军老师对这套 Python 系列图书的策划，一并表示衷心的感谢！

董付国于山东烟台

2020 年 3 月

目 录

第1章 Python 概述 1
1.1 Python 语言简介 1
1.2 常用的 Python 开发环境 2
1.2.1 IDLE 2
1.2.2 Anaconda3 4
1.2.3 PAGE for Python 7
1.3 Python 代码编写规范 8
1.4 安装扩展库 11
1.5 标准库与扩展库对象的导入和使用 14
1.5.1 导入整个模块 14
1.5.2 明确导入模块中的特定对象 15
1.5.3 一次导入特定模块中的所有对象 15
1.6 本章知识要点 16
习题 17

第2章 Python 编程基础 18
2.1 基本数据类型 18
2.1.1 常用内置对象 18
2.1.2 常量与变量 20

  2.1.3　数值类型 ·············· 22
  2.1.4　序列 ················· 24
  2.1.5　字符串 ··············· 25
 2.2　运算符与表达式 ············· 26
  2.2.1　算术运算符 ············ 27
  2.2.2　关系运算符 ············ 29
  2.2.3　成员测试运算符和同一性测试运算符 ··· 30
  2.2.4　逻辑运算符 ············ 31
  2.2.5　集合运算符 ············ 32
 2.3　常用内置函数 ··············· 34
  2.3.1　基本输入输出函数 ········ 38
  2.3.2　数字有关的函数 ········· 39
  2.3.3　序列有关的函数 ········· 41
  2.3.4　精彩例题分析与解答 ······ 49
 2.4　常用内置模块和标准库用法简介 ···· 50
  2.4.1　数学模块 math ·········· 50
  2.4.2　随机模块 random ········ 53
  2.4.3　日期时间模块 datetime ···· 54
  2.4.4　时间模块 time ·········· 55
  2.4.5　标准库 collections ······ 56
  2.4.6　标准库 itertools ········ 56
  2.4.7　小海龟画图模块 turtle ···· 57
  2.4.8　图形界面开发模块 tkinter ·· 60
 2.5　本章知识要点 ··············· 61
习题 ······························ 62

第 3 章　选择结构·· 63

3.1　单分支选择结构 ·· 63
3.2　双分支选择结构 ·· 65
3.3　多分支选择结构 ·· 66
3.4　选择结构的嵌套 ·· 67
3.5　pass 语句 ··· 69
3.6　精彩例题分析与解答 ·· 69
3.7　本章知识要点 ··· 72
习题 ·· 72

第 4 章　循环结构·· 73

4.1　for 循环与 while 循环 ··· 73
4.2　break 与 continue 语句 ··· 74
4.3　精彩例题分析与解答 ·· 75
4.4　本章知识要点 ··· 83
习题 ·· 83

第 5 章　Python 序列及应用·· 85

5.1　列表 ··· 86
  5.1.1　列表创建与删除 ·· 87
  5.1.2　列表元素访问 ··· 88
  5.1.3　列表常用方法 ··· 89
  5.1.4　列表对象支持的运算符 ······································· 93
  5.1.5　内置函数对列表的操作 ······································· 94
  5.1.6　精彩例题分析与解答 ·· 95

5.2 元组 …… 101
   5.2.1 元组创建与元素访问 …… 101
   5.2.2 元组与列表的异同点 …… 102

5.3 字典 …… 104
   5.3.1 字典创建与删除 …… 104
   5.3.2 字典元素的访问 …… 105
   5.3.3 元素添加、修改与删除 …… 106
   5.3.4 精彩例题分析与解答 …… 107

5.4 集合 …… 108
   5.4.1 集合对象创建与删除 …… 109
   5.4.2 集合操作与运算 …… 110
   5.4.3 精彩例题分析与解答 …… 112

5.5 字符串 …… 113
   5.5.1 字符串编码格式简介 …… 114
   5.5.2 转义字符 …… 115
   5.5.3 字符串格式化 …… 116
   5.5.4 字符串常量 …… 118
   5.5.5 字符串对象的常用方法 …… 119
   5.5.6 精彩例题分析与解答 …… 127

5.6 推导式 …… 131
   5.6.1 列表推导式 …… 131
   5.6.2 生成器推导式 …… 134

5.7 序列解包 …… 135

5.8 切片 …… 137

5.9 本章知识要点 …… 139

习题 …… 140

第 6 章　函数 ……………………………………………………… 143

  6.1　函数定义与调用 ………………………………………………… 143

  6.2　函数参数 ………………………………………………………… 146

      6.2.1　默认值参数 ……………………………………………… 147

      6.2.2　关键参数 ………………………………………………… 148

  6.3　变量作用域 ……………………………………………………… 148

  6.4　函数递归调用 …………………………………………………… 150

  6.5　lambda 表达式 ………………………………………………… 151

  6.6　精彩例题分析与解答 …………………………………………… 153

  6.7　本章知识要点 …………………………………………………… 157

  习题 ……………………………………………………………………… 158

第 7 章　面向对象程序设计 ……………………………………… 161

  7.1　面向对象程序设计简介 ………………………………………… 161

  7.2　类的定义与实例化 ……………………………………………… 162

  7.3　数据成员与成员方法 …………………………………………… 163

      7.3.1　私有成员与公有成员 …………………………………… 163

      7.3.2　数据成员 ………………………………………………… 164

      7.3.3　成员方法、类方法、静态方法 ………………………… 165

  7.4　属性 ……………………………………………………………… 167

  7.5　继承 ……………………………………………………………… 170

  7.6　多态 ……………………………………………………………… 172

  7.7　精彩例题分析与解答 …………………………………………… 174

  7.8　本章知识要点 …………………………………………………… 178

  习题 ……………………………………………………………………… 178

第8章 常用算法的Python实现 … 179
8.1 解析算法案例分析 … 179
8.2 枚举算法案例分析 … 184
8.3 递推算法案例分析 … 188
8.4 递归算法案例分析 … 191
8.5 分治法原理简介 … 198
8.6 排序算法案例分析 … 198
8.7 查找算法案例分析 … 202
8.8 本章知识要点 … 204
习题 … 205

第9章 SQLite数据库编程基础 … 206
9.1 SQLite数据库简介 … 206
9.2 Python标准库sqlite3简介 … 207
9.3 常用SQL语句 … 208
9.4 精彩例题分析与解答 … 210
9.5 本章知识要点 … 218
习题 … 218

第10章 大数据处理基础 … 219
10.1 大数据的基本概念与主要特征 … 219
10.2 大数据处理框架Spark与Python编程 … 220
10.3 精彩例题分析与解答 … 225
10.4 本章知识要点 … 226
习题 … 227

第11章 综合案例设计与分析 ················ 228

- 11.1 GUI 版电子时钟 ················ 228
- 11.2 GUI 版猜数游戏 ················ 231
- 11.3 GUI 版通讯录管理程序 ················ 235
- 11.4 GUI 版图片浏览程序 ················ 241
- 11.5 GUI 版温度单位转换程序 ················ 244
- 11.6 本章知识要点 ················ 252
- 习题 ················ 252

附录 A Python 关键字清单 ················ 253

附录 B 常用 Python 扩展库清单 ················ 255

参考文献 ················ 256

第 1 章　Python 概述

本章主要介绍 Python 语言的特点、Python 开发环境的安装与配置、Python 代码编写规范、扩展库的安装以及标准库与扩展库对象的导入和使用。

1.1　Python 语言简介

Python 是一门跨平台、开源、免费的解释型高级动态编程语言,是一种通用编程语言。除了可以解释执行之外,Python 还支持把源代码伪编译为字节码来优化程序、提高加载速度,也支持使用 py2exe、pyinstaller、cx_Freeze 或其他类似工具将 Python 程序及其所有依赖库打包为特定平台上的可执行文件,从而可以脱离 Python 解释器环境独立运行;Python 支持命令式编程和函数式编程两种方式,完全支持面向对象程序设计。Python 语法简洁清晰,最重要的是拥有大量的几乎支持所有领域应用开发的成熟扩展库和狂热支持者。

有人喜欢把 Python 称为"胶水语言",因为它可以把多种不同语言编写的程序融合到一起实现无缝拼接,更好地发挥不同语言和工具的优势,满足不同应用领域的需求。

注意：虽然在英语中 Python 是"大蟒蛇"的意思，但 Python 语言却和大蟒蛇没有任何关系。Python 语言的名字来自于一个著名的电视剧（Monty Python's Flying Circus），Python 之父 Guido van Rossum 是这个电视剧的狂热爱好者，因此把他发明的语言命名为 Python。

小知识：命令式编程是指需要通过一系列指令来"告诉"计算机该如何一步一步地完成预定任务，而函数式编程一般只需要"告诉"计算机要做什么就可以了，当然这仅限于一些简单的任务。

安装 Python

IDLE 使用方法

1.2　常用的 Python 开发环境

1.2.1　IDLE

　　IDLE 是 Python 的官方安装包自带的免费开发环境，从官方网站 www.python.org 下载并安装合适的 Python 版本（建议选择 Python 3.7.x 系列或更新的版本）之后，同时就安装了 IDLE。相对于其他 Python 开发环境而言，IDLE 显得有点简陋，但已经具备了 Python 应用开发的几乎所有功能（例如语法检查、运行代码、语法高亮、智能提示以及代码测试与调试功能等），并且不需要过于复杂的配置，因此得到了很多人的喜爱。Python 3.7.5 IDLE 的界面如图 1-1 所示，其他版本的 IDLE 界面以及用法与本书介绍的完全一样。

第 1 章　Python 概述

```
Python 3.7.5 (tags/v3.7.5:5c02a39a0b, Oct 15 2019, 00:11:34) [MSC v.1916 64 bit
(AMD64)] on win32
Type "help", "copyright", "credits" or "license()" for more information.
>>> abs(-3)          ← 计算-3的绝对值
3
>>> abs(-3+4j)       ← 计算复数-3+4j的模
5.0
>>> divmod(60, 8)    ← 计算60对8的整商和余数(60//8,60%8)
(7, 4)
>>> pow(2, 8, 88)    ← 计算2的8次方对88的余数(2^8)%88
80
>>> round(10/3, 2)   ← 计算10/3保留两位小数的结果
3.33
>>>
```

图 1-1　Python 3.7.5 IDLE 界面

如果只是编写一些小的验证型代码，可以在 IDLE 交互模式中编写并执行，如果代码正确就可以立刻看到运行结果。如果要编写完整的 Python 程序，或者保存代码方便反复修改和重复使用，可以在 IDLE 中使用菜单 File→New File 创建程序文件，如图 1-2 所示；编写完代码之后使用组合键 Ctrl＋S 或者使用菜单 File→Save 保存文件；然后使用菜单 Run→Run Module 或快捷键 F5 来运行程序，结果会显示在 IDLE 交互界面上，如图 1-3 所示。

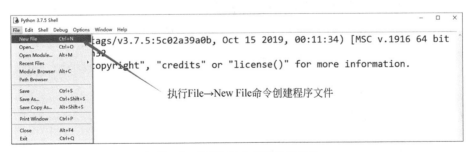

图 1-2　在 IDLE 中创建程序文件

注意：自己编写的程序文件名不能和 Python 的内置模块、标准模块和已安装的扩展库文件名相同，否则会影响 Python 程序的运行。

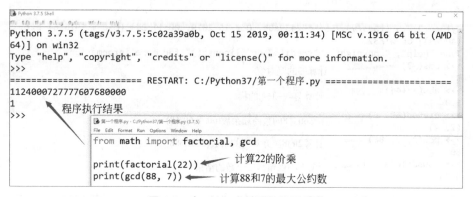

图 1-3　在 IDLE 中编写和执行程序

> **注意**：在程序文件中必须使用内置函数 print() 明确输出，才能得到结果。

🌸 **小提示**：使用 IDLE 编写 Python 程序时，最好先配置一下字体、字号，方便代码的编写，如图 1-4 和图 1-5 所示。

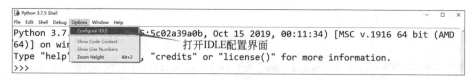

图 1-4　打开 IDLE 配置界面

1.2.2　Anaconda3

　　IDLE 是 Python 官方安装包自带的开发环境，虽然使用方便，但是缺乏大型软件开发所需要的项目管理功能，智能提示功能也较弱。Eclipse、PyCharm、wingIDE、Anaconda3 等软件提供了更加强大的 Python 开发环境，其中 Anaconda3 是非常优秀的数据科学平台，支持 Python 和 R 语言，集成安装大量扩展库，PyCharm + Anaconda3 的组合可以大幅度提高开发效率，减少环境搭建所需要的时间。

第 1 章　Python 概述

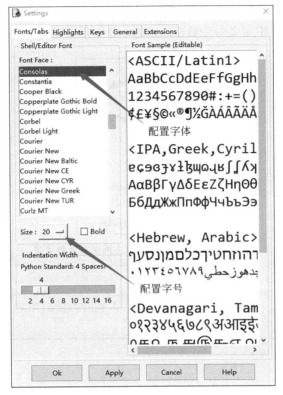

图 1-5　配置 IDLE 字体和字号

从 Anaconda3 官方网站下载安装包，安装成功之后从开始菜单中启动 Jupyter Notebook 或 Spyder 即可。

1. Jupyter Notebook

启动 Jupyter Notebook 会启动一个控制台服务窗口并自动启动浏览器打开一个网页，如果浏览器没有正常进入 Jupyter Notebook 的主页面，可以修改一下浏览器的默认配置或者更改默认浏览器并重启 Jupyter Notebook。把控制台服务窗口最小化，然后在浏览器中执行 New→Python 3 命令打开一个新窗口，如图 1-6 所示。在该窗口中即可编写和运行 Python 代码，如图 1-7 所示。页面上每个单元格叫作一个 cell，每个cell中可以编写一段独立运行的代码,但是前面的cell运行结果会影响后面的cell,也就是前面cell中定义的变量在后面的cell中仍可以访问,这一点要特别注意。

图1-6　Jupyter Notebook 主页面右上角菜单

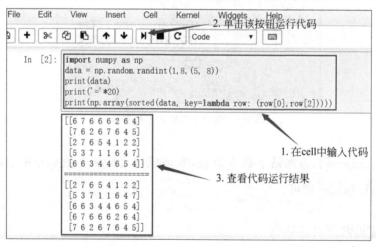

图1-7　Jupyter Notebook 运行界面

2. Spyder

Anaconda3自带的集成开发环境Spyder同时提供了交互式开发界面和程序编写与运行界面,以及程序调试和项目管理功能,使用更加方便。在图1-8中,箭头1

列出了工程与程序文件,箭头 2 表示程序代码编写窗口,单击工具栏中的 Run File 按钮运行程序并在交互式窗口显示运行结果,如图中箭头 3 和 4 所示。另外,在箭头 4 处的交互环境中,也可以执行单条语句,与 IDLE 交互模式类似,只是提示符的形式略有不同。

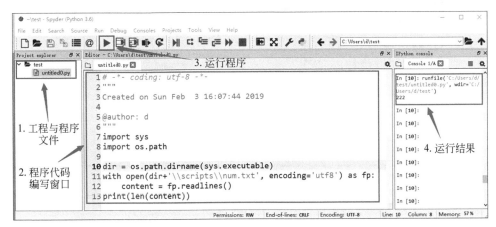

图 1-8 Spyder 运行界面

1.2.3 PAGE for Python

PAGE for Python(http://page.sourceforge.net/)是一款自动图形化 tkinter 界面生成器。在安装 PAGE 之前需要先安装 Tcl/Tk 8.5.4 或更高版(建议用 ActiveTcl 8.6$^+$ package for Tcl and Tk),再安装 PAGE。

安装好并启动 PAGE 之后,首先创建一个 Toplevel,也就是一个窗口或表单,然后在左侧 Widget Toolbar 中选择需要创建的组件,在刚刚创建的 Toplevel 中合适位置单击即可创建组件,将其拖放至合适的位置,通过用鼠标拖拉组件边框来调整至合适的大小,最后在右侧的 Attribute Editor 中设置组件的属性和有关的操作。界面设计好以后,执行 Gen_Python→Generate Python GUI 命令生成界面程序,再使用菜单 Generate Support Module 生成 Python 程序文件,填写必要的命令处理代码(如按钮单击函数)后保存即可。PAGE 启动的主界面如图 1-9 所示。

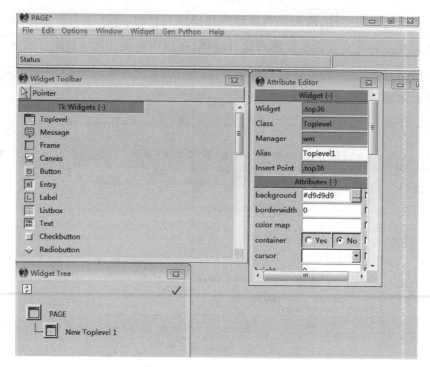

图 1-9 PAGE 启动的主界面

注意：虽然使用 PAGE 制作界面很方便，但是自动生成的代码比较多，并且同时考虑了 Python 2.x 和 Python 3.x 的兼容性，如果追求代码简洁和运行效率，可以对生成的代码进行一定的简化。

1.3 Python 代码编写规范

编码规范

Python 非常重视代码的可读性，对代码布局和排版有非常严格的要求。这里重点介绍 Python 社区对代码编写的一些共同的要求、规范和一些常用的代码优化建议，最好在开始编写第一段代码的时候就遵循这些规范和建议,养成良好的编码风格和习惯。

先来一段"打招呼"代码,让 Python 与你打个招呼,同时熟悉一下 Python 代码基本格式,并以此为例来学习 Python 代码编写规范,如图 1-10 所示。

```python
#关键字def用来定义一个函数,以英文半角冒号结尾,下一行必须缩进4个空格
def main():
    ''' 输入姓名和性别,程序会和你打招呼'''
    #内置函数input()用来接收用户的输入
    name = input('请输入你的姓名:')
    sex = input('输入你的性别(女,男):')
    #选择结构,根据不同输入决定变量sex的不同值,以冒号结束
    if sex == '女':
        sex = '女士'            #这一行相对于上一行有4个空格的缩进
    else:
        sex = '先生'
    #下一行的format()用于对字符串中的占位符{}进行替换
    #内置函数print()用来输出指定的内容
    print('{}{},你好!欢迎走进Python的世界!'.format(name, sex))

if __name__ == '__main__':    #直接运行程序时调用main()函数,以模块导入时不调用
    main()
```

图 1-10　程序代码

运行结果如图 1-11 所示。

```
请输入你的姓名:董付国
输入你的性别(女,男):男
董付国先生,你好!欢迎走进Python的世界!
```

图 1-11　程序运行结果

(1)严格使用缩进来体现代码的逻辑从属关系。Python 对代码缩进是硬性要求,这一点必须时刻注意。如果某个代码段的缩进不正确,那么整个程序就是错的。

(2)每个 import 语句只导入一个模块,并且要按照标准库、扩展库、自定义库的顺序依次导入。

(3)最好在每个类、函数定义和一段完整的功能代码之后增加一个空行,在运算符两侧各增加一个空格,逗号后面增加一个空格。按照这样的规范写出来的代码布局和排版显得比较松散而不是密密麻麻的一堆代码,阅读更加轻松。

(4) 尽量不要写过长的语句。如果语句过长,可以考虑拆分成多个短一些的语句,以保证代码具有较好的可读性。一般来说,一行代码的长度应不超出屏幕宽度,如果语句确实太长而超过屏幕宽度,可以使用续行符"\",或者使用圆括号将多行括起来表示是一条语句。

(5) 虽然 Python 运算符有明确的优先级,但对于复杂的表达式建议在适当的位置使用圆括号使得各种运算的隶属关系和计算顺序更加明确。

(6) 对关键代码和重要的业务逻辑代码进行必要的注释,方便日后的维护和升级。在 Python 中有两种常用的注释形式:♯和三引号。♯常用于单行注释,三引号常用于大段说明性文本的注释。

(7) 在编写代码时,应优先使用 Python 内置对象、函数和类型,其次考虑使用 Python 标准库提供的对象,最后考虑使用第三方扩展库。

(8) 根据运算特点选择最合适的数据类型来提高程序的运行效率。如果定义一些数据只是用来频繁遍历,最好优先考虑元组或集合。如果需要频繁地测试一个元素是否存在于一个序列中并且不关心其位置,应采用集合。列表和元组的 in 操作时间复杂度是线性的,而对于集合和字典却是常数级的,与问题规模几乎无关。在所有内置数据类型中,列表的功能最强大,但开销也最大,运行速度最慢,应慎重使用。作为建议,应优先考虑使用集合和字典,元组次之,最后再考虑列表。

小提示: 这些编码规范可能暂时不容易理解,只要简单了解即可。在阅读后面章节的代码时可以经常翻到这里和上面的 8 条编码规范进行对照,认真体会书中 Python 代码的奥妙和优美,不断提高自己编写 Python 代码的水平。

注意: 在编写程序时,除了输入包含中文的字符串之外,其他情况下代码中应一律使用英文输入法。

1.4 安装扩展库

Python 的内置对象和标准库对象提供了丰富而强大的功能，这些功能都是通用的，并不针对特定的领域和问题。解决特定领域的实际问题时，如果单纯使用 Python 的内置对象和标准库对象，可能需要自己编写大量代码来实现这些算法和业务逻辑。

安装扩展库

为了更快地解决特定领域的问题，一些狂热的 Python 爱好者和支持者开发并分享了大量的扩展库，把人们从语言的细节上解放出来，把主要精力放到核心算法或者业务逻辑上面，极大地方便了人们的使用，也充分体现了 Python 的可扩展性。这些扩展库极大地增强了 Python 的竞争力和生命力，但并不随着 Python 同安装，需要首先安装好 Python 之后再通过正确的方式来安装这些第三方扩展库。

除了使用源码安装和二进制安装包（注意，并不是所有扩展库都提供这种方式）以外，easy_install 和 pip 工具已经成为管理 Python 扩展库的主要方式，其中 pip 用得更多一些。使用 pip 不仅可以实时查看本机已安装的 Python 扩展库列表，还支持 Python 扩展库的安装、升级和卸载等操作。使用 pip 工具管理 Python 扩展库只需要在保证计算机联网的情况下输入几个命令即可完成，使用非常方便。常用 pip 命令的使用方法如表 1-1 所示。

表 1-1 常用 pip 命令的使用方法

pip 命令示例	说　　明
pip install SomePackage	安装 SomePackage 模块
pip install package1 package2…	依次安装 package1、package2 等扩展模块
pip freeze	列出当前已安装的所有模块
pip install --upgrade SomePackage	升级 SomePackage 模块
pip uninstall SomePackage	卸载 SomePackage 模块

例如，如果需要安装图像处理模块 pillow，只需要在联网的状态下，进入命令提示符环境并切换到 Python 安装目录下的 Scripts 目录中，执行下面的命令就可以了。

pip install pillow

在 https://pypi.python.org/pypi 中可以获得一个 Python 扩展库的综合列表，可以根据需要下载源码进行安装或者使用 pip 工具进行安装，也有一些扩展库还提供了.whl 文件和.exe 文件，大幅度简化了扩展库的安装过程。.exe 格式的安装包可以像普通软件一样进行安装，.whl 格式的扩展库安装包需要使用 pip 工具进行安装。例如：

pip install pygame-1.9.2a0-cp35-none-win_amd64.whl

在默认情况下，pip 会从国外服务器下载扩展库进行安装，速度比较慢。可以指定国内服务器下载和安装来提高速度，例如下面的命令从阿里云服务器下载和安装中文分词扩展库 jieba。

pip install jieba -i http://mirrors.aliyun.com/pypi/simple --trusted-host mirrors.aliyun.com

> 小技巧：pip 工具需要在命令提示符环境中执行，并且一般需要切换至 Python 安装文件夹的 Scripts 文件夹中执行。如果不熟悉命令提示符环境的操作，可以通过下面的方法快速进入正确的环境：首先在"资源管理器"中依次进入 Python 安装目录→Scripts 文件夹，然后按下键盘上的 Shift 键并在空白处右击，最后在弹出的菜单中单击"在此处打开命令窗口"或"在此处打开 powershell 窗口"即可快速进入该环境，如图 1-12 所示（以 Python 3.7 为例，同样适用于其他版本的 Python）。

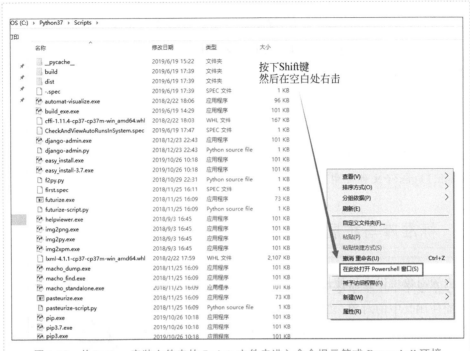

图 1-12 从 Python 安装文件夹的 Scripts 文件夹进入命令提示符或 Powershell 环境

> **拓展知识**：作为初学者，自己搭建和配置 Python 开发环境并安装各种扩展库可能有些难度，可以考虑使用 Anaconda3、Python(x,y)、zwPython 或其他类似的开发环境，这些开发环境除了 Python 解释器之外还集成了大量常用的扩展库，可以节省很多安装和配置扩展库的时间。

> **小常识**：包、模块是比较常见的概念。模块是一个包含若干常量、函数和类定义的 Python 程序文件，包是包含若干 Python 程序文件（其中一个文件名为 __init__.py）的文件夹。

安装 Python 解释器的同时自带了 math、sys、itertools、array 等内置模块和

datetime、random、operator、functools等标准模块(一般也称为标准库)。其中,内置模块没有对应的Python程序文件,提供的功能是由底层C语言实现并和整数、浮点数、复数、列表等内置类型以及max()、sorted()等内置函数一起封装在Python解释器内部的。标准库在Python安装文件夹的Lib子文件夹中有对应的Python程序文件。

扩展库由于数量众多,并不与Python解释器一同安装,而是由程序员根据实际需要进行选择和安装,安装之后对应的Python程序文件位于Python安装文件夹的Lib\site-packages子文件夹中。

1.5 标准库与扩展库对象的导入和使用

内置对象可以直接使用,而标准库和扩展库需要导入之后才能使用其中的对象。当然,扩展库还需要正确安装才能导入和使用,这里假设所需要的扩展库已经按照1.4节的方法安装好了。

标准库与扩展库对象导入

1.5.1 导入整个模块

在Python中,使用关键字import来导入模块或模块中的对象。使用语句"import 模块名[as 别名]"可以导入指定的模块,并且可以给模块设置一个别名。使用这种方式导入模块以后,使用时需要在对象之前加上模块名作为前缀,必须以"模块名.对象名"的方式进行访问。如果模块的名字很长,为方便记忆和编写代码,可以为导入的模块设置一个别名,然后就可以使用"别名.对象名"的方式来使用其中的对象。

```
>>> import math                    #导入标准库math
>>> math.sin(0.5)                  #求0.5(单位是弧度)的正弦值
0.479425538604203
>>> import random                  #导入标准库random
>>> n = random.random()            #获得[0,1)内的随机小数
```

```
>>> n = random.randint(1, 100)              #获得[1, 100]区间上的随机整数
>>> n = random.randrange(1, 100)            #返回[1, 100)区间上的随机整数
>>> import os.path as path                  #导入标准库 os.path，并为其设置别名为 path
>>> path.isfile(r'C:\windows\notepad.exe')
True
>>> import numpy as np                      #导入扩展库 numpy，并为其设置别名为 np
>>> a = np.array((1, 2, 3, 4))              #通过模块的别名来访问其中的对象
>>> print(a)
[1 2 3 4]
```

1.5.2　明确导入模块中的特定对象

如果只用到某个模块的几个对象，那么就没必要把整个模块都导入了，可以使用"from 模块名 import 对象名[as 别名]"语句明确导入需要使用的对象。使用这种方式仅导入明确指定的对象，并且可以为导入的对象起一个别名。另外，这种导入方式可以减少查询次数，提高访问速度，同时也可以减少程序员需要输入的代码量，不需要使用模块名作为前缀，还可以减小打包后程序的体积。例如：

```
>>> from math import sin                    #只导入模块中的指定对象
>>> sin(3)
0.1411200080598672
>>> from math import sin as f               #给导入的对象起个别名
>>> f(3)                                    #等价于 sin(3)
0.1411200080598672
>>> from os.path import isfile
>>> isfile(r'C:\windows\notepad.exe')       #判断给定路径是否为文件
True                                        #r 表示原始字符串，见 5.5.2 节
>>> from random import sample
>>> sample((1, 2, 3, 4, 5, 6, 7), 3)        #从 7 个元素中任选 3 个不重复的元素
[6, 5, 1]
```

1.5.3　一次导入特定模块中的所有对象

作为 1.5.2 节用法的一种极端情况，可以使用"from 模块名 import *"语句一次

导入模块中的所有对象，例如：

```
>>> from math import *        #导入标准库 math 中的所有对象
>>> sin(3)                    #求正弦值
0.1411200080598672
>>> gcd(36, 18)               #求最大公约数
18
>>> pi                        #常数 π
3.141592653589793
>>> e                         #常数 e
2.718281828459045
>>> log2(8)                   #计算以 2 为底的对数值
3.0
>>> log10(100)                #计算以 10 为底的对数值
2.0
>>> radians(180)              #把角度转换为弧度
3.141592653589793
```

这种方式简单，代码写起来也比较省事，可以直接使用模块中的所有函数和对象而不需要再使用模块名作为前缀，但一般并不推荐这样使用。一方面这样会降低代码的可读性，有时候很难区分自定义函数和从模块中导入的函数。另一方面，这种导入对象的方式将会导致命名空间的混乱，如果多个模块中有同名的对象，只有最后一个导入的模块中的同名对象是有效的，之前导入的模块中的同名对象都将无法访问，不利于对代码的理解和维护。

1.6 本章知识要点

(1) Python 是一门跨平台、开源、免费的解释型高级动态编程语言。

(2) Python 非常重视代码的可读性，对代码布局和排版的要求非常高。

(3) Python 严格使用缩进来体现代码的逻辑关系。

(4) pip 是常用的 Python 扩展库安装工具。

(5) Python 内置对象可以直接使用，标准库对象需要先导入再使用，扩展库需要

正确安装之后才能导入和使用其中的对象。

习题

1. 登录 Python 官方网站，下载适合自己操作系统的 Python 安装包，安装 Python 解释器。

2. 使用 pip 命令安装扩展库 jieba、openpyxl、python-docx、pypinyin。

3. 运行本章的演示代码。

4. 多选题：下面属于 Python 语言特点的有（　　）。

　　A. 跨平台　　　　　　　　　　B. 免费

　　C. 解释执行　　　　　　　　　D. 动态编程语言

5. 多选题：下面可以用来编写和运行 Python 程序的开发环境有（　　）。

　　A. IDLE　　　　　　　　　　 B. Jupyter Notebook

　　C. Spyder　　　　　　　　　　D. Word

6. 多选题：下面导入标准库对象的代码正确的有（　　）。

　　A. from math import sin　　　 B. import math.sin as sin

　　C. from math import *　　　　D. import math.*

7. 多选题：下面关于 Python 编程规范的说法正确的有（　　）。

　　A. 程序中的代码必须有正确的缩进，否则可能会导致语法错误无法运行

　　B. 为了节省空间，在程序中不建议添加空行和空格，这样可以让代码更紧凑

　　C. 对于比较长的表达式，建议在适当的位置增加圆括号，这样可以让表达式的
　　　 含义更清晰，便于代码阅读

　　D. 只要把程序的功能正确实现就行了，没必要写注释，太花时间了

第 2 章 Python 编程基础

本章首先简单介绍数字、字符串、序列等基本类型，常量与变量的基本概念；然后重点介绍 Python 运算符的用法以及常用 Python 内置函数的用法；最后简单介绍 math、random、datetime、time、collections、itertools、turtle、tkinter 等几个比较常用的标准库。

2.1 基本数据类型

2.1.1 常用内置对象

对象是 Python 语言中最基本的概念之一，在 Python 中一切都是对象，除了整数、实数、复数、字符串、列表、元组、字典、集合这些基本对象，还有 range 对象、filter 对象、zip 对象、map 对象、enumerate 对象，甚至函数、类和模块也是对象。内置对象是指 Python 安装好就可以直接使用的对象，不需要导入任何模块，表 2-1 列出了常用的一些内置对象。

表 2-1 常用的 Python 内置对象

对象类型	类型名称	示例	简要说明
数字	int float complex	1234 3.14,1.3e5 3+4j	数字大小没有限制，且内置支持复数及其运算

续表

对象类型	类型名称	示例	简要说明
字符串	str	'swfu' "I'm student" '''Python '''	使用单引号、双引号、三引号作为定界符
列表	list	[1, 2, 3] ['a','b',['c',2]]	所有元素放在一对方括号中,元素之间使用逗号分隔,其中的元素可以是任意类型
字典	dict	{1: 'food',2: 'taste', 3: 'import'}	所有元素放在一对花括号中,元素之间使用逗号分隔,元素形式为"键:值",并且"键"不允许相同
元组	tuple	(2, -5, 6) (3,)	所有元素放在一对圆括号中,元素之间使用逗号分隔,如果元组中只有一个元素的话,后面的逗号不能省略
集合	set	{'a', 'b', 'c'}	所有元素放在一对花括号中,元素之间使用逗号分隔,元素不允许重复
布尔型	bool	True False	逻辑值,关系运算符、成员测试运算符、同一性测试运算符组成的表达式的值一般为 True 或 False
空类型	NoneType	None	空值
其他可迭代对象		生成器对象、range 对象、zip 对象、enumerate 对象、map 对象等	具有惰性求值的特点
编程单元		函数(使用 def 定义) 类(使用 class 定义) 模块(类型为 module)	类和函数都属于可调用对象,模块中用来集中存放函数、类、常量或其他对象

小常识:Python 支持面向对象程序设计,类和对象是比较常用的概念。类是对具有共同属性和行为的事物的抽象或统称,对象是指具体的某个事物。

例如,交通工具、飞机、高铁、汽车、自行车属于"类",是抽象的。当我们坐在某架飞机、高铁、汽车上或正在骑一个自行车,是具体的"对象"。当我们谈论红富士苹果的口感时是抽象的,真正买回来几个品尝时是具体的。

关于面向对象程序设计更详细的内容请参考本书第 7 章。

小常识：数据类型是一类值和所支持操作的整体。例如，Python 的整数类型可以取值为任意负整数、0 和正整数，大小不受限制，并且支持加、减、乘、除、取余数以及与列表、元组、字符串的乘法运算等操作；列表对象之间支持加法但不支持减法、乘法、除法，列表和整数可以相乘但不能进行其他运算，列表、元组、字符串支持切片操作但字典和集合不支持切片操作。所有这些，都是由不同数据类型的内部实现决定的。

运算符是表示一种操作的形式，例如加法运算符+表示两个对象相加、减法运算符-表示两个对象相减。更多关于运算符的内容参考 2.2 节。

2.1.2 常量与变量

在表 2-1 中，第 3 列的示例除了最后 2 行之外，其他都是合法的 Python 常量。常量一般是指不需要改变也不能改变的字面值，例如数字 3，又例如元组(1,2,3)、字符串'ab'，都是常量。与常量相反，变量的值是可以变化的，这一点在 Python 中体现得淋漓尽致。在 Python 中，不需要事先声明变量名及其类型，直接赋值即可创建任意类型的对象变量。另外，不仅变量的值是可以变化的，变量的类型也是随时可以发生改变的。例如，下面第一条语句创建了整型变量 x，并赋值为 3。

常量与变量

```
>>> x = 3                  #整型变量
>>> type(x)                #内置函数 type()用来查看变量的类型
<class 'int'>
>>> type(x) == int         #也可以这样检查变量的类型是否为 int
True
>>> isinstance(x, int)     #内置函数 isinstance()用来测试变量是否为指定类型
True
```

下面的语句创建了字符串变量 x，并赋值为 'Hello world.'，之前的整型变量 x 不复存在。

```
>>> x = 'Hello world.'          #字符串变量
```

下面的语句创建了列表对象 x，并赋值为 [1, 2, 3]，之前的字符串变量 x 也就不再存在了。这一点同样适用于元组、字典、集合以及其他 Python 任意类型的对象，以及自定义类型的对象。

```
>>> x = [1, 2, 3]
```

在程序设计时，经常需要使用一个变量来表示一个具体的值及其支持的操作。在 Python 中定义变量名、函数名以及类名时，需要注意以下问题。

(1) 变量名必须以汉字、字母或下画线开头。

(2) 变量名中不能有空格或标点符号(圆括号、引号、逗号、斜线、反斜线、冒号、句号、问号等)，可以包含汉字、字母、下画线和数字。

(3) 不能使用关键字作为变量名，例如 if、else、for、while、return 这些都不能作为变量名，也不能作为函数和类的名字，详细的 Python 关键字清单可查看附录 A。

(4) 不建议使用系统内置的模块名、类型名或函数名以及已导入的模块名及其成员名作为变量名，这会改变其类型和含义，甚至会导致其他代码无法正常执行。可以通过 dir(__builtins__) 查看所有内置对象名称。

(5) 变量名对英文字母的大小写敏感，例如 student 和 Student 是不同的变量。

(6) 见名知义，避免 x、y、z、x1、x2、x3 这样的变量。

> 注意：Python 中允许使用内置对象或标准库对象作为变量名，但是这会改变这些对象本来的含义，很可能会导致后续的代码出错，而这种错误是很难发现的。因此在编写代码时尽量不要使用内置对象、标准库对象或扩展库对象的名字作为变量名。例如：

```
>>> int(3.3)              #int()是内置函数,这里用来把实数变成整数
3
>>> int = 3               #这里改变了 int 的含义,不再是原来的函数
>>> int(3.3)              #程序出错,无法正常调用 int()函数
```

```
Traceback (most recent call last):
  File "<pyshell#52>", line 1, in <module>
    int(3.3)
TypeError: 'int' object is not callable
```

2.1.3 数值类型

在 Python 中,内置的数值类型有整数、实数和复数。整数又分为二进制整数(以 0b 开头,每位上的数字为 0 或 1)、八进制整数(以 0o 开头,每位上的数字为 0~7)、十进制整数(默认进制,每位上的数字为 0~9)和十六进制整数(以 0x 开头,每位上的数字为 0~9 或 a~f,其中 a 表示 10,b 表示 11,以此类推)。在编写程序时,不必考虑数值的大小问题,Python 支持任意大的数字。另外,由于精度的问题,对于实数运算可能会有一定的误差,应尽量避免在实数之间直接进行相等性测试,而是应该以两者之差的绝对值是否足够小作为两个实数是否相等的依据。

```
>>> 9999 ** 99                          #这里**是幂乘运算符,表示 9999 的 99 次方
99014835352672348760226312475328262557055952889579105732432652912179483789405351346442217682691643393258692438667776624403200162375682140043297505120882020498009873555270384136230466997051069124380021820284037432937880069492030979195418511779843432959121215910629869993866990806757337472433120894242554489391091007320504903165678922088956073296292622630586570659359491789627675639 6848514900989999
>>> 0.3 + 0.2                           #实数相加
0.5
>>> 0.4 - 0.1                           #实数相减,结果可能会稍微有点偏差
0.30000000000000004
>>> 0.4 - 0.1 == 0.3                    #应尽量避免直接比较两个实数是否相等
False
>>> abs(0.4-0.1-0.3) < 1e-6             #这里 1e-6 表示 10 的-6 次方
True                                    #也可以使用 math.isclose()函数判断
>>> 0x88                                #十六进制整数
136
>>> 0o77                                #八进制整数
63
```

```
>>>0b0101                        #二进制整数
5
```

Python 内置支持复数的加、减、乘、除以及幂运算,例如:

```
>>>x = 3 + 4j                    #使用 j 或 J 表示复数虚部
>>>y = 5 + 6j
>>>x + y                         #复数之间的加、减、乘、除
(8+10j)
>>>x - y
(-2-2j)
>>>x * y
(-9+38j)
>>>x / y
(0.6393442622950819+0.03278688524590165j)
>>>abs(x)                        #内置函数 abs()可用来计算复数的模
5.0
>>>x.imag                        #虚部
4.0
>>>x.real                        #实部
3.0
>>>x.conjugate()                 #共轭复数
(3-4j)
```

Python 3.6.x 开始支持在数字中间位置使用单个下画线作为分隔符来提高数字的可读性,类似于数学上使用逗号作为千位分隔符。在 Python 数字中单个下画线可以出现在中间任意位置,但不能出现在开头和结尾位置,也不能使用多个连续的下画线。

```
>>>1_000_000
1000000
>>>1_2_3_4
1234
>>>1_2 + 3_4j
(12+34j)
>>>1_2.3_45
```

```
12.345
>>> 3 +4j.imag                    #计算整数 3 与虚数 4j 的虚部的和
7.0
>>> 3 +(4j.imag)
7.0
>>> (3+4j).imag                   #计算复数 3+4j 的虚部
4.0
```

注意：最后这个在数字中间包含单个下画线的新特性在 Python 3.6.0 之前的版本中不能使用。

2.1.4 序列

列表、元组、字典、集合等序列对象是 Python 中常用的内置对象，这些对象可以理解为元素的"容器"，可以用来存放多个元素。这几个序列对象并不完全相同，各有各的特点。另外，range 对象以及生成器对象、map 对象、zip 对象、filter 对象、enumerate 对象等迭代器对象(可以理解为表示数据流的对象，每次返回一个数据)也支持很多与序列相似的操作。下面的代码简单演示了这几种对象的创建与使用，更详细的介绍参考第 5 章。

```
>>> x_list = [1, 2, 3]                      #创建列表对象，元素使用英文半角逗号分隔
>>> x_tuple = (1, 2, 3)                     #创建元组对象
>>> x_dict = {'a':97, 'b':98, 'c':99}       #创建字典对象
>>> x_set = {1, 2, 3}                       #创建集合对象
>>> print(x_list[0])                        #使用下标访问指定位置的元素，下标从 0 开始
1
>>> print(x_tuple[1])                       #元组也支持使用序号作为下标
2
>>> print(x_dict['a'])                      #字典对象的下标是"键"
97
>>> 3 in x_set                              #测试序列中是否包含某个元素
True
```

2.1.5 字符串

字符串也属于序列类型,但由于非常重要,一般都单独讨论。使用一对单引号、双引号、三单引号或三双引号作为定界符来表示字符串,并且不同的定界符之间可以互相嵌套。也就是说,使用双引号限定的字符串中可以包含单引号,使用单引号限定的字符串中可以包含双引号,使用三引号限定的字符串中可以包含双引号和单引号。另外,Python 3.x 全面支持中文,在统计字符数量时,每个中文或英文字符都作为一个符号来对待。在 Python 中,可以使用中文作为变量名。除了支持使用加法运算符连接字符串和乘法运算符对字符串进行重复之外,Python 字符串还提供了大量的方法支持查找、替换、排版等操作,很多内置函数和标准库对象也支持对字符串的操作,将在第 5 章进行详细介绍。这里先简单介绍一下字符串对象的创建、连接和重复。

```
>>> x = 'Hello world.'                    #使用单引号作为定界符
>>> print(x)
Hello world.
>>> x = "Python is a great language."     #使用双引号作为定界符
>>> print(x)
Python is a great language.
>>> x = '''Tom said, "Let's go."'''       #最外层是三个单引号
                                          #内层双引号中还嵌套了一个单引号
>>> print(x)
Tom said, "Let's go."
>>> x = 'good ' + 'morning'               #连接字符串
>>> x
'good morning'
>>> x = 'good '
>>> y = x + 'morning'                     #使用加号连接字符串变量和字符串常量
>>> y
'good morning'
>>> y = x * 3                             #字符串与整数相乘,表示字符串重复
>>> y
'good good good '
```

2.2 运算符与表达式

在 Python 中,单个常量或变量可以看作最简单的表达式,使用算术运算符、关系运算符、集合运算符、逻辑运算符或其他运算符连接的式子也属于表达式,在表达式中可以包含函数调用。

除了算术运算符、关系运算符、逻辑运算符,Python 还支持成员测试运算符、集合运算符、同一性测试运算符等。Python 中很多运算符具有多种不同的含义,作用于不同类型的操作数时含义并不完全相同,使用非常灵活。例如,加号作用于整数、实数或复数时表示算术加法,作用于列表、字符串、元组时表示连接;乘号作用于整数、实数或复数时表示算术乘法,作用于列表、字符串、元组和整数相乘时表示序列中的元素重复;减号作用于整数、实数或复数时表示减法,作用于集合时表示差集。

常用的 Python 运算符如表 2-2 所示,运算符优先级遵循的规则:算术运算符优先级最高,其次是位运算符、关系运算符、逻辑运算符、成员测试运算符等,算术运算符之间遵循"先乘除,后加减"的基本运算原则。虽然 Python 运算符有严格的优先级规则,但是强烈建议在编写复杂表达式时尽量使用圆括号来明确说明其中的逻辑来提高代码可读性。记住,圆括号是明确和改变表达式运算顺序的利器,在适当的位置使用圆括号可以使得表达式的含义更加明确。

表 2-2 常用的 Python 运算符

运算符	功能说明
+	算术加法,列表、元组、字符串合并与连接,正号
-	算术减法,集合差集,相反数
*	算术乘法,序列重复
/	真除法,结果为实数
//	求整商,但如果操作数中有实数的话,结果为实数形式的整数
%	求余数

续表

运算符	功能说明
**	幂运算
<、<=、>、>=、==、!=	(值)大小比较,集合的包含关系比较
or	逻辑或
and	逻辑与
not	逻辑非
in	成员测试
is	对象实体同一性测试(地址)
&、|、^	集合交集、并集、对称差集
.、[]	成员、下标运算符

2.2.1 算术运算符

+运算符除了用于算术加法以外,还可以用于列表、元组、字符串的连接。

```
>>> 3 + 5.0                #实数相加
8.0
>>> (3+4j) + (5+6j)        #复数相加
(8+10j)
>>> [1, 2, 3] + [4, 5, 6]  #连接两个列表
[1, 2, 3, 4, 5, 6]
>>> (1, 2, 3) + (4,)       #连接两个元组
(1, 2, 3, 4)
>>> 'abcd' + '1234'        #连接两个字符串
'abcd1234'
```

*运算符除了表示算术乘法,还可用于列表、元组、字符串与整数的乘法,表示序列元素的重复。

```
>>> 3 * 5.0                #实数乘法
15.0
>>> 5 * (3+4j)             #实数与复数的乘法
(15+20j)
```

算术运算符

```
>>> (3+4j)*(5+6j)          #复数乘法
(-9+38j)
>>> [1, 2, 3]*3            #列表元素重复
[1, 2, 3, 1, 2, 3, 1, 2, 3]
>>> (1, 2, 3)*3            #元组元素重复
(1, 2, 3, 1, 2, 3, 1, 2, 3)
>>> 'abc'*3                #字符串元素重复
'abcabcabc'
>>> [1, 2, 3]*0            #返回空列表
[]
```

运算符/和//在Python中分别表示算术除法和算术求整商。

```
>>> 3 / 2                  #数学意义上的除法
1.5
>>> 15 // 4                #如果两个操作数都是整数,结果为整数
3
>>> 15.0 // 4              #如果操作数中有实数,结果为实数形式的整数值
3.0
>>> (-15) / 4
-3.75
>>> (-15) // 4             #在数轴上向左取整
-4
```

% 运算符可以用于整数或实数的求余数运算。

```
>>> 789 % 23               #余数
7
>>> 3.5 % 2.1
1.4
>>> 6.7 % 2.1              #注意,对实数求余数可能会存在精度问题
0.3999999999999999
>>> 36 % 12                #余数为0,表示36能被12整除
0
>>> 10 %(-3)               #余数的符号与除数相同
-2
>>> (-10) % 3
2
```

**运算符表示幂乘。例如：

```
>>>3 ** 2                    #3 的 2 次方
9
>>>9 ** 0.5                  #9 的 0.5 次方,可以用来计算平方根
3.0
>>>(-9) ** 0.5               #可以对负数计算平方根,得到复数,存在精度问题
(1.8369701987210297e-16+3j)
```

2.2.2 关系运算符

Python 关系运算符可以连用,其含义与我们日常的理解完全一致。当然,使用关系运算符的一个最重要的前提是,操作数之间必须可比较大小。例如,把一个字符串和一个数字进行大小比较是毫无意义的,所以 Python 也不支持这样的运算。

关系运算符和集合运算符

```
>>>1 < 3 < 5                 #等价于 1 < 3 and 3 < 5
True
>>>3 < 5 > 2
True
>>>1 > 6 < 8
False
>>>'Hello' > 'world'         #比较字符串大小,逐个比较对应位置的字符
False                        #直到得出确定的结论为止
>>>[1, 2, 3] < [1, 2, 4]     #比较列表大小
True
>>>'Hello' > 3               #字符串和数字不能比较,出错
TypeError: unorderable types: str() > int()
```

注意:Python 中的关系运算符可以连用,例如上面的第一句 1<3<5,但很多其他编程语言中是不允许这样用的。

小提示:当比较两个字符串大小时,先比较两个字符串的第一个字母,如果能

分出大小就结束,如果不能分出大小就继续比较第二个字母,以此类推,一直到分出大小为止。如果一个字符串的所有字母都比较过了仍不能分出大小,而另一个字符串还没结束,那么认为另一个字符串大。比较两个列表或元组大小时,也是同样的道理。

例如:

```
>>> 'abc' > 'Abc'              #第一个字母就能分出大小
True
>>> 'abc' > 'aBc'              #第二个字母才能分出大小
True
>>> 'abcd' > 'abc'             #第二个字符串结束了,但第一个字符串还有字符
True
>>> [1, 2, 3] < [1, 2, 4]      #第三个元素才分出大小
True
>>> [1, 2, 3] < [2, 2, 4]      #第一个元素就能分出大小
True
>>> [1, 2, 3] < [1, 2, 3, 4]   #第一个列表结束了,但第二个列表还有元素
True
```

2.2.3 成员测试运算符和同一性测试运算符

成员测试运算符 in 的含义是"……在……里面",用于成员测试,即测试一个对象是否是另一个对象的元素。对于表达式 A in B,如果 A 是 B 的元素之一,表达式的值为 True,否则为 False。

in 和 is 运算符

```
>>> 3 in [1, 2, 3]             #测试 3 是否为列表[1, 2, 3]的元素
True
>>> 5 in range(1, 10, 1)       #range()是用来生成指定范围数字的内置函数
True
>>> 'abc' in 'abcdefg'         #子字符串测试
True
>>> for i in (3, 5, 7):        #循环结构,元素遍历
    print(i, end='\t')

3    5    7
```

2.2.4 逻辑运算符

逻辑运算符 and、or、not 常用来构成条件表达式,分别表示"并且""或者"和"逻辑求反"的意思。其中,and 和 or 具有惰性求值或逻辑短路的特点,当连接多个表达式时只计算必须要计算的值。例如,表达式 exp1 and exp2 等价于 exp1 if not exp1 else exp2,只有表达式 exp1 等价于 True 时,才去计算 exp2 的值并把 exp2 的值作为整个表达式的值;如果 exp1 的值等价于 False,则不再计算 exp2 的值并把 exp1 的值作为整个表达式的值。

逻辑运算符

同理,表达式 exp1 or exp2 等价于 exp1 if exp1 else exp2,如果表达式 exp1 的值等价于 True,不再计算 exp2 的值并把 exp1 的值作为整个表达式的值;如果 exp1 的值等价于 False,计算 exp2 的值并把 exp2 的值作为整个表达式的值。在编写复杂条件表达式时充分利用这个特点,合理安排不同条件的先后顺序,在一定程度上可以提高代码的运行速度。

```
>>> 3 and 5                    #最后一个计算的表达式的值作为整个表达式的值
5
>>> 3 or 5                     #and 和 or 的结果不一定是 True 或 False
3
>>> 3 and 5 > 2
True
>>> 3 not in [1, 2, 3]         #逻辑非运算 not
False
>>> not 3                      #not 的计算结果肯定是 True 或 False 之一
False
>>> not 0                      #0 等价于 False
True
```

❀ 小提示:条件表达式的值只要不是 False、0(或 0.0、0j 等)、空值 None、空列表、空元组、空集合、空字典、空字符串、空 range 对象或其他空迭代对象，Python 解释器均认为与 True 等价。要注意的是，等价并不是相等。

 小提示：某项决定必须所有人都同意才行，如果有一个人不同意，后面的人就不用问了，节约时间，类似于 and 运算符。

逻辑运算符 and、or 和 not 在功能上可以与电路的连接方式进行简单类比：or 运算符类似于并联电路，只要有一个开关是通的那么灯就是亮的；and 运算符类似于串联电路，必须所有开关都是通的灯才会亮；not 运算符类似于在电路中进行短接，如果开关通了那么灯就灭了，如图 2-1 所示。

注意：包含逻辑运算符 and 和 or 的表达式的值不一定是 True 或 False。

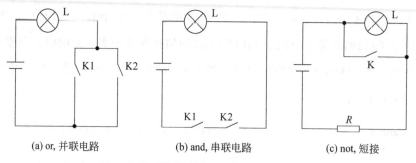

(a) or, 并联电路　　　　(b) and, 串联电路　　　　(c) not, 短接

图 2-1　逻辑运算符与几种电路的类比关系

2.2.5 集合运算符

集合的交集、并集、差集和对称差集等运算分别使用 &、|、- 和 ^ 运算符来实现。

```
>>>{1, 2, 3} & {3, 4, 5}        #交集
{3}
>>>{1, 2, 3} | {3, 4, 5}        #并集
{1, 2, 3, 4, 5}
>>>{1, 2, 3} ^ {3, 4, 5}        #对称差集
```

```
{1, 2, 4, 5}
>>> {1, 2, 3} - {3, 4, 5}          #差集
{1, 2}
>>> {1, 2, 3} < {1, 2, 3, 4}       #测试是否子集
True
>>> {1, 2, 3} == {3, 2, 1}         #测试两个集合是否相等,与元素顺序无关
True
>>> {1, 2, 4} > {1, 2, 3}          #集合之间的包含测试
False
>>> {1, 2, 4} < {1, 2, 3}
False
>>> {1, 2, 4} == {1, 2, 3}         #集合之间的相等测试
False
```

> **注意**：上面最后三行代码的结果,当关系运算符作用于集合时,会出现一个集合既不大于也不小于或等于另一个集合的情况。对于大多数内置类型的对象而言,如果 a > b 不成立,那么 a <= b 必然成立,但这一点不适用于集合和字典。

小提示：集合 *A* 与 *B* 的交集、并集、差集、对称差集运算如图 2-2～图 2-5 所示。

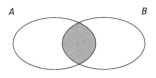

图 2-2　交集运算

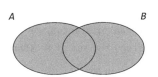

图 2-3　并集运算

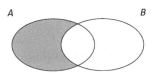

图 2-4　差集运算 *A*－*B*

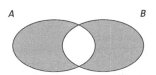

图 2-5　对称差集运算

> 拓展知识：对于两个集合 A 和 B，对称差集计算公式和原理为 A^B=(A-B)|(B-A)=A|B-A&B。

2.3 常用内置函数

类似于数学中的函数，Python 中的函数也表示对输入的数据进行一定处理并得到输出的功能。

内置函数（built-in functions，BIF）是 Python 内置对象类型之一，不需要额外导入任何模块就可以直接使用，这些内置对象都封装在 Python 解释器中，并且进行了大量优化，具有非常快的运行速度，推荐优先使用。使用内置函数 dir() 可以查看所有内置函数和内置对象：

```
>>> dir(__builtins__)
```

使用 help(函数名)可以查看某个函数的具体用法。例如：

```
>>> help(sum)                              #查看内置函数的用法
Help on built-in function sum in module builtins:

sum(iterable, start=0, /)
    Return the sum of a 'start' value (default: 0) plus an iterable of numbers

    When the iterable is empty, return the start value.
    This function is intended specifically for use with numeric values and may
    reject non-numeric types.

>>> import math
>>> help(math.sin)                         #查看标准库函数的用法
Help on built-in function sin in module math:

sin(…)
```

```
    sin(x)

    Return the sine of x (measured in radians).
>>> from random import shuffle
>>> help(shuffle)                                    #查看标准库函数的用法
Help on method shuffle in module random:

shuffle(x, random=None) method of random.Random instance
    Shuffle list x in place, and return None.

    Optional argument random is a 0- argument function returning a
    random float in [0.0, 1.0); if it is the default None, the
standard random.random will be used.
>>> from pypinyin import pinyin                      #pypinyin 是处理汉语拼音的扩展库
>>> help(pinyin)
Help on function pinyin in module pypinyin.core:

pinyin(hans, style=<Style.TONE: 1>, heteronym=False, errors='default', strict
= True)
```

将汉字转换为拼音,返回汉字的拼音列表。

Python 常用的内置函数及其功能简要说明如表 2-3 所示,其中方括号内的参数可以省略。自定义函数参考第 6 章。

表 2-3 Python 常用的内置函数及其功能简要说明

函 数	功能简要说明
abs(x)	返回数字 x 的绝对值或复数 x 的模
bin(x)	把整数 x 转换为二进制串表示形式
complex(real, [imag])	返回复数
chr(x)	返回 Unicode 编码为 x 的字符
dir(obj)	返回指定对象或模块 obj 的成员列表,如果不带参数则返回当前作用域内的所有标识符
divmod(x, y)	返回包含整商和余数的元组(x//y, x%y)
enumerate(iterable[, start])	返回包含元素形式为(start, iterable[0]), (start+1, iterable[1]), (start+2, iterable[2]),…的迭代器对象,start 默认为 0

续表

函　数	功能简要说明
eval(s[, globals[, locals]])	计算并返回字符串 s 中表达式的值
filter(func, seq)	返回 filter 对象,其中包含序列 seq 中使得单参数函数 func 返回值为 True 的那些元素,如果函数 func 为 None 则返回包含 seq 中等价于 True 的元素的 filter 对象
float(x)	把整数或字符串 x 转换为浮点数并返回
help(obj)	返回对象 obj 的帮助信息
hex(x)	把整数 x 转换为十六进制串
id(obj)	返回对象 obj 的内存地址
input([prompt])	显示提示信息,接收键盘输入的内容,以字符串形式返回
int(x[,base])	返回实数(float)、分数(Fraction)或高精度实数(Decimal) x 的整数部分,或把 base 进制的字符串 x 转换为十进制并返回,base 默认为十进制
isinstance(obj, class-or-type-or-tuple)	测试对象 obj 是否属于指定类型(如果有多个类型的话需要放到元组中)的实例
len(obj)	返回对象 obj 包含的元素个数,适用于列表、元组、集合、字典、字符串以及 range 对象
list([x])、set([x])、tuple([x])、dict([x])	把对象 x 转换为列表、集合、元组或字典并返回,或生成空列表、空集合、空元组、空字典
map(func, *iterables)	返回包含若干函数值的 map 对象,函数 func 的参数分别来自于 iterables 指定的每个迭代对象
max(…)、min(…)	返回多个值中或者包含有限个元素的可迭代对象中所有元素的最大值、最小值,要求所有元素之间可比较大小,允许指定排序规则,参数为可迭代对象时还允许指定对象为空时返回的默认值
next(iterator[, default])	返回迭代器对象 x 中的下一个元素,允许指定迭代结束之后继续迭代时返回的默认值
oct(x)	把整数 x 转换为八进制串
open()	打开文件,返回文件对象
ord(x)	返回一个字符 x 的 Unicode 编码

续表

函　　数	功能简要说明
pow(x, y, z=None)	返回 x 的 y 次方，等价于 x ** y 或(x**y) % z
print(value, …, sep=' ', end='\n', file=sys.stdout, flush=False)	基本输出函数，默认输出到屏幕，多个数值之间使用空格分隔，以换行符结束所有数据的输出
range([start,] stop [, step])	返回 range 对象，其中包含左闭右开区间[start,stop)内以 step 为步长的整数。可以认为该函数返回的 range 对象中包含一个等差数列，起始值为 start，公差为 step
reduce(func, sequence[, initial])	将双参数函数 func 以迭代的方式从左到右依次应用至序列 seq 中的每个元素，并把中间计算结果作为下一次计算的第一个操作数，最终返回单个值作为结果。在 Python 3.x 中需要从 functools 中导入 reduce 函数再使用
reversed(seq)	返回 seq(可以是列表、元组、字符串、range 对象)中所有元素逆序后的迭代器对象，但不能作用于 zip、filter、map 以及生成器对象等具有惰性求值特点的迭代器对象
round(x [,ndigits])	对 x 进行四舍五入，若不指定小数位数 ndigits，则返回整数
sorted(iterable, key=None, reverse=False)	返回排序后的列表，其中 iterable 表示要排序的序列或迭代器对象，key 用来指定排序规则或依据，reverse 用来指定升序或降序。该函数不改变 iterable 内任何元素的顺序
str(obj)	把对象 obj 直接转换为字符串
sum(x, start=0)	返回序列 x 中所有元素之和，要求序列 x 中所有元素类型相同且支持加法运算，允许指定起始值 start(默认为 0)，返回 start+sum(x)
type(obj)	返回对象 obj 的类型
zip(seq1 [, seq2 […]])	返回 zip 对象，其中元素为(seq1[i], seq2[i], …)形式的元组，最终结果中包含的元素个数取决于所有参数序列或可迭代对象中最短的那个

　小常识：迭代器对象(iterator)和可迭代对象(iterable)是 Python 中经常出现的概念。迭代器对象是指内部实现了特殊方法 __iter__()和 __next__()的对象的统称，例如生成器对象、map 对象、zip 对象、filter 对象都属于迭代器对象。迭代器对象

一般都具有惰性求值的特点，不能直接查看其中的元素，不支持使用下标直接访问指定位置上的元素，也不支持切片操作，只能从前向后逐个访问其中的元素，并且每个元素只能访问一次。在具体使用时，可以使用内置函数 next() 访问迭代器对象中的下一个元素，可以把迭代器对象转换为列表、元组、字典、集合、字符串等，也可以使用 for 循环依次遍历其中的元素。

可迭代对象是指可以使用 for 循环遍历其中元素或支持类似用法的容器类对象的统称，例如列表、元组、字典、集合、字符串，迭代器也属于可迭代对象。可迭代对象支持转换为列表、元组、字典、集合、字符串以及使用 for 循环遍历，但不是所有可迭代对象都支持内置函数 next()。

2.3.1 基本输入输出函数

input() 和 print() 是 Python 的基本输入输出函数，前者用来接收用户的键盘输入，后者用来把数据以指定的格式输出到标准控制台或指定的文件对象。在 Python 3.x 版本中，不论用户输入什么内容，input() 函数都一律作为字符串对待，必要的时候可以使用内置函数 int()、float() 或 eval() 对用户输入的内容进行类型转换。例如：

基本输入输出函数

```
>>> x = input('Please input: ')
Please input: 345
>>> x
'345'
>>> type(x)                    #把用户的输入作为字符串对待
<class 'str'>
>>> int(x)                     #转换为整数
345
>>> eval(x)                    #对字符串求值
345
>>> x = input('Please input: ')
Please input: [1, 2, 3]
```

```
>>> x
'[1, 2, 3]'
>>> type(x)
<class 'str'>
>>> eval(x)                       #包含容器对象的字符串应使用 eval()函数求值和还原
[1, 2, 3]
>>> x = input('Please input:')    #不论用户输入什么,都作为一个字符串来对待
Please input:hello world
>>> x                             #如果本来就想输入字符串,就不用再输入引号了
"'hello world'"
>>> eval(x)
'hello world'
```

内置函数 print()用于输出信息到标准控制台或指定文件,语法格式为

print(value1, value2, …, sep=' ', end='\n', file=sys.stdout, flush=False)

其中,sep 参数之前为需要输出的内容(可以有多个);sep 参数用于指定相邻数据之间的分隔符,默认为空格;end 参数用于指定输出完所有数据之后的结束符,默认为回车换行符。例如:

```
>>> print(1, 3, 5, 7, sep='\t')     #修改默认分隔符
1       3       5       7
>>> for i in range(10):             #修改默认行尾结束符,不换行
    print(i, end=' ')
0 1 2 3 4 5 6 7 8 9
```

> 注意:在 Python 3.x 中,不管输入什么内容,内置函数 input()都将它们作为字符串来接收。

2.3.2 数字有关的函数

(1) 内置函数 bin()、oct()、hex()用来将整数转换为二进制、八进制和十六进制

形式,这三个函数都要求参数必须为整数。

```
>>> bin(555)                  #把数字转换为二进制串
'0b1000101011'
>>> oct(555)                  #转换为八进制串
'0o1053'
>>> hex(555)                  #转换为十六进制串
'0x22b'
>>> bin(0x888)                #把十六进制整数直接转换为二进制形式
'0b100010001000'
```

> 注意：这三个函数都要求参数必须为整数,但并不必须是十进制整数,也可以为二进制、八进制或十六进制整数。

(2) 内置函数 int()用来将其他形式的数字转换为整数,要求参数为整数、实数、分数或合法的数字字符串,当参数为数字字符串时,还允许指定第二个参数 base 用来说明数字字符串的进制,默认是十进制。

```
>>> int(-3.2)                 #把实数转换为整数,取整
-3
>>> int('0x22b', 16)          #把十六进制数转换为十进制数
555
>>> int('22b', 16)            #与上一行代码等价
555
>>> int(bin(54321), 2)        #二进制与十进制之间的转换
54321
```

(3) 内置函数 float()用来将其他类型数据转换为实数,complex()可以用来生成复数。

```
>>> float(3)                  #把整数转换为实数
3.0
>>> float('3.5')              #把数字字符串转换为实数
3.5
```

```
>>> float('inf')                    #无穷大,其中 inf 不区分大小写
inf
>>> complex(3)                      #指定实部
(3+0j)
>>> complex(3, 5)                   #指定实部和虚部
(3+5j)
>>> complex('3+4j')                 #把复数字符串转换为复数
(3+4j)
>>> complex('inf')                  #无穷大
(inf+0j)
```

(4)函数 abs()用来计算实数的绝对值或者复数的模,divmod()用来同时计算两个数字的商和余数,pow()用来计算幂乘,round()用来对数字进行四舍五入。

```
>>> abs(-3)                         #绝对值
3
>>> abs(-3+4j)                      #复数的模
5.0
>>> divmod(60, 8)                   #同时返回商和余数
(7, 4)
>>> pow(2, 3)                       #幂运算,2 的 3 次方,相当于 2 ** 3
8
>>> pow(2, 3, 5)                    #相当于(2**3) % 5
3
>>> round(10/3, 2)                  #四舍五入,保留 2 位小数
3.33
```

2.3.3 序列有关的函数

(1)list()、tuple()、dict()、set()、str()用来把其他类型的数据转换成为列表、元组、字典、集合和字符串,或者不带参数时用来创建空列表、空元组、空字典、空集合和空字符串。

```
>>> list(range(5))                  #把 range 对象转换为列表
[0, 1, 2, 3, 4]
```

```
>>> tuple(_)                              #在 IDLE 交互模式中
                                          #一个下画线表示最近一次正确的输出结果
(0, 1, 2, 3, 4)
>>> dict(zip('1234', 'abcde'))            #创建字典
{'4': 'd', '2': 'b', '3': 'c', '1': 'a'}
>>> set('1112234')                        #创建集合,自动去除重复元素
{'4', '2', '3', '1'}
>>> str(1234)                             #直接转换为字符串
'1234'
>>> str([1, 2, 3, 4])                     #直接转换为字符串
'[1, 2, 3, 4]'
>>> list(str([1, 2, 3, 4]))               #注意这里的转换结果
['[', '1', ',', ' ', '2', ',', ' ', '3', ',', ' ', '4', ']']
```

(2) max()、min()、sum()这三个内置函数分别用于计算列表、元组或其他可迭代对象中所有元素的最大值、最小值以及所有元素之和,sum()要求所有元素类型相同且支持加法运算,max()和 min()则要求序列或可迭代对象中的元素之间可比较大小。另外,内置函数 len()用来返回列表、元组、字符串或字典、集合中元素的个数。下面的代码首先使用列表推导式生成包含 10 个随机数的列表,然后分别计算该列表的最大值、最小值、所有元素之和与平均值。

```
>>> from random import choices
>>> a = choices(range(1, 100), k=10)      #包含 10 个[1,100]区间上的随机数列表
>>> print(max(a), min(a), sum(a))         #最大值、最小值、所有元素之和
>>> sum(a)/len(a)                         #平均值
```

(3) sorted()可以对列表、元组、字典、集合、字符串或其他可迭代对象进行排序并返回新列表,而 reversed()可以对迭代对象进行翻转(首尾交换)并返回可迭代的 reversed 对象。

内置函数 sorted

```
>>> x = list(range(11))
>>> x
[0, 1, 2, 3, 4, 5, 6, 7, 8, 9, 10]
```

```
>>> import random
>>> random.shuffle(x)                       #随机打乱顺序
>>> x                                       #这里与你的结果不一样是正常的
                                            #因为是随机打乱顺序
[2, 4, 0, 6, 10, 7, 8, 3, 9, 1, 5]
>>> sorted(x)                               #以默认规则排序
[0, 1, 2, 3, 4, 5, 6, 7, 8, 9, 10]
>>> sorted(x, reverse=True)                 #按大小逆序排序
[10, 9, 8, 7, 6, 5, 4, 3, 2, 1, 0]
>>> sorted(x, key=str)                      #按转换为字符串以后的大小排序
[0, 1, 10, 2, 3, 4, 5, 6, 7, 8, 9]
>>> x                                       #不影响原来列表的元素顺序
[2, 4, 0, 6, 10, 7, 8, 3, 9, 1, 5]
>>> list(reversed(x))                       #逆序,翻转
[5, 1, 9, 3, 8, 7, 10, 6, 0, 4, 2]
```

（4）enumerate()函数用来枚举可迭代对象中的元素,返回可迭代的 enumerate 对象,其中每个元素都包含索引和值的元组。

```
>>> list(enumerate('abcd'))                               #枚举字符串中的元素
[(0, 'a'), (1, 'b'), (2, 'c'), (3, 'd')]
>>> list(enumerate(['Python', 'Great']))                  #枚举列表中的元素
[(0, 'Python'), (1, 'Great')]
>>> list(enumerate({'a':97, 'b':98, 'c':99}.items()))     #枚举字典中的元素
[(0, ('a', 97)), (1, ('b', 98)), (2, ('c', 99))]
>>> for index, value in enumerate(range(10, 15)):         #枚举 range 对象中的元素
    print((index, value), end=' ')
(0, 10) (1, 11) (2, 12) (3, 13) (4, 14)
```

注意：enumerate 对象具有惰性求值的特点,就好像一个一端有挡板的管子里有很多外径略小于管子内径的圆球,每次只能打开挡板拿出最前面的圆球,不去拿的时候挡板是关的,不会有圆球出来。并且,已经拿出来的圆球管子里就没有了(可以想象每个圆球都有编号),如图 2-6 所示。

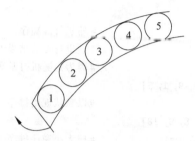

图 2-6　惰性求值示意图

正如上面所说，enumerate 对象只能从头到尾按顺序逐个访问其中的元素，并且已经访问过的元素无法再次访问，在使用时要注意这个问题。另外，后面将要介绍的 zip、filter、map 等对象也具有类似的特点。

```
>>> x = enumerate('abcde')
>>> (0,'a') in x
True
>>> (0,'a') in x              #元素(0,'a')已经访问过了，无法再次访问
False
>>> x[-1]                     #不支持使用下标访问其中的元素
Traceback (most recent call last):
  File "<pyshell#43>", line 1, in <module>
    x[-1]
TypeError: 'enumerate' object is not subscriptable
```

（5）zip() 函数用来把多个可迭代对象中的元素组合到一起，返回一个可迭代的 zip 对象，其中每个元素都包含原来的多个可迭代对象对应位置上元素的元组，最终结果中包含的元素个数取决于所有参数序列或可迭代对象中最短的那个。

可以这样理解这个函数：把多个序列或可迭代对象中的所有元素左对齐，然后像拉拉链一样往右拉，把经过的每个序列中的元素都放到一个元组中（见图 2-7），只要有一个序列中的元素都处理完了就不再拉拉链了，返回包含若干元组的 zip 对象。

内置函数 zip

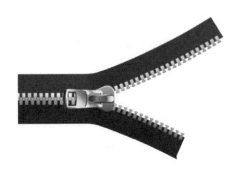

图 2-7 zip()函数工作原理示意图

```
>>>list(zip('abcd', [1, 2, 3]))            #压缩字符串和列表
[('a', 1),('b', 2), ('c', 3)]
>>>list(zip('abcd'))                       #对一个序列也可以压缩
[('a',), ('b',), ('c',), ('d',)]
>>>list(zip('123', 'abc', ',.!'))          #压缩三个序列
[('1', 'a', ','), ('2', 'b', '.'), ('3', 'c', '!')]
>>>for item in zip('abcd', range(3)):      #zip 对象是可迭代的
    print(item)
('a', 0)
('b', 1)
('c', 2)
>>>x = zip('abcd', '1234')
>>>list(x)
[('a', '1'), ('b', '2'), ('c', '3'), ('d', '4')]
>>>list(x)                                 #zip 对象只能遍历一次
[]
```

(6) map()、reduce()、filter()是 Python 中常用的几个函数，也是 Python 支持函数式编程的重要体现。不过，在 Python 3.x 中，reduce()不是内置函数，而是放到了标准库 functools 中，需要先导入再使用。

内置函数 map()把函数 func 依次映射到序列或迭代器对象的每个元素上，并返回一个可迭代且具有惰性求值特点的

map()函数

map 对象作为结果，map 对象中每个元素是原序列中元素经过函数 func 处理后的结果，map() 函数不对原序列或迭代器对象做任何修改。

```
>>> list(map(str, range(5)))            #把列表中的元素转换为字符串
['0', '1', '2', '3', '4']
>>> def add5(v):                        #单参数函数，把参数加5后返回
        return v+5
>>> list(map(add5, range(10)))          #把单参数函数映射到一个序列的所有元素
[5, 6, 7, 8, 9, 10, 11, 12, 13, 14]
>>> def add(x, y):                      #函数返回两个参数相加的和
        return x+y
>>> list(map(add, range(5), range(5, 10)))    #把双参数函数映射到两个序列上
[5, 7, 9, 11, 13]
>>> list(map(lambda x, y: x+y, range(5), range(5, 10)))
                                        #这里 lambda 表达式等价于上面的 add() 函数
[5, 7, 9, 11, 13]
>>> import random
>>> x = random.randint(1, 1e30)         #生成指定范围内的随机整数
>>> x
839746558215897242220046223150
>>> list(map(int, str(x)))              #提取大整数每位上的数字
[8, 3, 9, 7, 4, 6, 5, 5, 8, 2, 1, 5, 8, 9, 7, 2, 4, 2, 2, 2, 0, 0, 4, 6, 2, 2, 3, 1, 5, 0]
>>> for i in map(int, str(x)):          #也可以直接遍历 map 对象中的元素
        print(i, end=' ')

8 3 9 7 4 6 5 5 8 2 1 5 8 9 7 2 4 2 2 2 0 0 4 6 2 2 3 1 5 0
```

标准库 functools 中的函数 reduce() 可以将一个接收两个参数的函数以迭代的方式从左到右依次作用到一个序列或迭代器对象的所有元素上，并且允许指定一个初始值。例如，reduce(lambda x, y: x+y, [1, 2, 3, 4, 5]) 等价于 sum([1, 2, 3, 4, 5])，完整的计算过程为 ((((1+2)+3)+4)+5)，第一次计算时 x 为 1 而 y 为 2 得到 1+2，再次计算时 x 的值为 (1+2) 而 y 的值为 3 得到 (1+2)+3，再次计算时 x 的值为 ((1+2)+3) 而 y 的值为 4 得到 ((1+2)+3)+4，以此类推，最终完成计算并返回 ((((1+2)+3)+4)+5) 的值。

```
>>> from functools import reduce
>>> seq = list(range(1, 10))              #range(1,10)包含从 1 到 9 的整数
>>> reduce(add, seq)                      #add 是上一段代码中定义的函数
45
>>> reduce(lambda x,y: x+y, seq)          #使用 lambda 表达式实现相同功能
45
```

上面实现数字累加的代码运行过程如图 2-8 所示。

```
>>> import operator                       #标准库 operator 提供了大量运算
>>> operator.add(3, 5)                    #可以像普通函数一样直接调用
8
>>> reduce(operator.add, seq)             #使用 add 运算
45
>>> reduce(operator.add, seq, 5)          #指定累加的初始值为 5
50
>>> reduce(operator.mul, seq)             #乘法运算
362880
```

reduce()函数

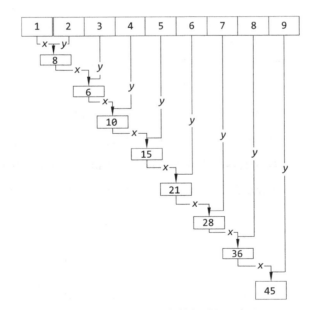

图 2-8 reduce()函数执行过程示意图

```
>>> reduce(operator.mul, range(1, 6))          #5 的阶乘
120
>>> reduce(operator.add, map(str, seq))        #转换成字符串再累加
'123456789'
>>> ''.join(map(str, seq))                     #使用 join()方法实现字符串连接
'123456789'
```

内置函数 filter()将一个单参数函数作用到一个序列上,返回该序列中使得该函数返回值为 True 的那些元素组成的 filter 对象,如果指定函数为 None,则返回序列中等价于 True 的元素。

filter()函数

```
>>> seq=['foo','x41','?! ','***']
>>> filter(str.isalnum, seq)                   #返回可迭代的 filter 对象
<filter object at 0x000000000305D898>
>>> list(filter(func, seq))                    #把 filter 对象转换为列表
['foo','x41']
>>> seq                                        #filter()不对原列表做任何修改
['foo', 'x41', '?!', '***']
>>> list(filter(None, [1, 2, 3, 0, 0, 4, 0, 5]))  #指定函数为 None
[1, 2, 3, 4, 5]
```

(7) range()是 Python 中很常用的一个内置函数,语法格式为 range([start,] stop [, step]),有 range(stop)、range(start, stop)和 range(start, stop, step)三种用法。该函数返回具有惰性求值特点的 range 对象,其中包含左闭右开区间[start, stop)内以 step 为步长的整数。参数 start 默认为 0,step 默认为 1。

```
>>> range(5)                                   #start 默认为 0,step 默认为 1
range(0, 5)
>>> list(_)                                    #转换为列表
[0, 1, 2, 3, 4]
>>> list(range(1, 10, 2))                      #指定步长
[1, 3, 5, 7, 9]
>>> list(range(9, 0, -2))                      #步长为负数时,start 应比 stop 大
[9, 7, 5, 3, 1]
```

```
>>> x = range(10)
>>> x[-1]                                #最后一个整数
9
>>> x[-2]                                #倒数第二个整数
8
```

在循环结构中经常使用range()函数来控制循环次数,例如:

```
>>> for i in range(4):                   #循环4次
        print(3, end=' ')
3 3 3 3
```

2.3.4 精彩例题分析与解答

例2-1 编写程序,输入一个3位数,然后依次输出这个数每位上的数字,并使用逗号分隔。

解析:本例主要演示内置函数 input()、map()和 print()的用法。

例2-1

```
x = input('请输入一个3位数:')
a, b, c = map(int, x)
print(a, b, c, sep=',')
```

扫二维码查看源代码:

运行结果:

请输入一个3位数:123
1,2,3

注意:运行程序时应确保输入的是3位数,否则会出现错误。

例2-2 编写程序,输入一个列表,把列表中的元素降序排列得到一个新列表,然后输出新列表。

解析：本例主要演示内置函数 eval() 和 sorted() 的用法。

```
x = input('请输入一个列表:')
x = eval(x)
print(sorted(x, reverse=True))
```

例 2-2

扫二维码查看源代码：

运行结果：

请输入一个列表:[1, 2, 3]
[3, 2, 1]

注意：输入时应保证为合法的列表，前后以方括号开始和结束，否则会出现错误。

2.4 常用内置模块和标准库用法简介

除了内置对象之外，Python 还通过内置模块和标准库提供了大量的对象，是对内置对象很好的补充和扩展。与内置对象不同的是，内置模块标准库中的对象需要先导入才能使用，参考 1.5 节。

2.4.1 数学模块 math

数学模块 math 中提供了大量与数学计算有关的对象，包括对数函数、指数函数、三角函数、误差计算和一些常用的数学常数。

（1）常数 pi 和 e。

```
>>> import math
```

```
>>>math.pi
3.141592653589793
>>>math.e
2.718281828459045
```

（2）ceil(x)：向上取整，返回大于或等于 x 的最小整数。

```
>>>math.ceil(3.2)
4
>>>math.ceil(-3.2)
-3
```

（3）floor(x)：向下取整，返回小于或等于 x 的最大整数。

```
>>>math.floor(3.2)
3
>>>math.floor(-3.2)
-4
```

（4）factorial(x)：返回 x 的阶乘，要求 x 必须为正整数。

```
>>>math.factorial(6)
720
```

（5）log(x[,b])：如果不提供 b 参数则返回 x 的自然对数值，提供 b 参数则返回 x 以 b 为底的对数值。

```
>>>math.log(100)                    #自然对数,相当于数学中的 ln100
4.605170185988092
>>>math.log(100, 10)                #以 10 为底的对数
2.0
>>>math.log(1024, 2)                #以 2 为底的对数
10.0
```

（6）acos(x)、asin(x)、atan(x)：返回 x 的反余弦、反正弦、反正切函数值，结果为弧度。

```
>>>math.cos(3)
```

```
-0.9899924966004454
>>> math.acos(_)                    #注意,实数计算有误差
2.9999999999999996
```

(7) sin(x)、cos(x)、tan(x)：返回 x 的正弦函数值、余弦函数值、正切函数值，x 用弧度表示。

```
>>> math.sin(math.pi)               #下面的结果等价于 0
1.2246467991473532e-16
```

(8) degrees(x)、radians(x)：实现角度与弧度的互相转换。

```
>>> math.radians(90)                #二分之一 π
1.5707963267948966
>>> _ / math.pi
0.5
>>> math.degrees(math.pi)           #π 等于 180°
180.0
```

(9) gcd(x, y)：返回整数 x 和 y(Python 3.9 支持任意多个整数)的最大公约数。

```
>>> math.gcd(35, 25)
5
>>> math.gcd(36, 24)
12
```

(10) sqrt(x)：返回正数 x 的平方根，等价于 x**0.5，但不能对负数求平方根，不如运算符 ** 功能强大。

```
>>> math.sqrt(9)
3.0
>>> math.sqrt(0)
0.0
>>> math.sqrt(-9)
Traceback (most recent call last):
  File "<pyshell#97>", line 1, in <module>
    math.sqrt(-9)
```

```
ValueError: math domain error
>>>(-9) ** 0.5                              #结果中实部等价于 0
(1.8369701987210297e-16+3j)
```

2.4.2 随机模块 random

随机模块 random 中提供了大量与随机数和随机函数有关的对象,下面简单介绍几个。

(1) random():随机返回左闭右开区间[0.0,1.0)上的一个浮点数。

```
>>> random.random()
0.7356573083039625
```

(2) randrange([start,]stop[,step]):返回 range([start,]stop[,step])范围内的一个随机数。

```
>>> import random
>>> random.randrange(5)                     #range(0, 5, 1)范围内的随机数
3
>>> random.randrange(5, 20, 3)              #range(5, 20, 3)范围内的随机数
11
>>> random.randrange(5, 20, 5)              #range(5, 20, 5)范围内的随机数
15
```

(3) randint(start,end):返回闭区间[start,end]上的随机整数。

```
>>> [random.randint(5,20) for i in range(20)]   #使用列表推导式获得 20 个随机数
[12, 16, 19, 17, 8, 15, 6, 13, 6, 12, 7, 7, 9, 7, 14, 20, 6, 9, 9, 7]
```

(4) choice(seq):从序列 seq 中随机选择一个元素并返回。

```
>>> random.choice('abcdefg')                #随机选取,和你的结果不一样是正常的
'a'
>>> random.choice((1, 2, 3, 4, 5, 6))
5
>>> [random.choice('abcdefg') for i in range(10)]   #使用列表推导式生成多个随机元素
```

['c', 'd', 'g', 'g', 'g', 'g', 'b', 'e', 'd', 'e']

(5) sample(seq, k)：从列表、元组、集合、字符串和 range 对象 seq 中随机选择 k 个不同的(这里指位置不同,并不是指元素值)元素,以列表形式返回。该函数不支持字典以及 map、zip、enumerate、filter 等惰性求值的迭代对象。

```
>>> x = list(range(20))
>>> random.sample(x, 3)              #从 0~19 中随机选取 3 个数
[18, 3, 2]
>>> random.sample(range(20), 3)      #也可以直接这样用
[8, 2, 15]
>>> random.sample([1, 1, 1, 1, 1, 1], 3)    #从多个 1 中任选 3 个
[1, 1, 1]
```

(6) shuffle(seq)：将序列 seq 原地乱序。

```
>>> x = list(range(20))              #创建列表
>>> random.shuffle(x)                #随机打乱顺序
>>> x
[16, 15, 3, 12, 6, 14, 1, 2, 13, 8, 4, 9, 17, 18, 11, 7, 19, 5, 10, 0]
```

(7) choices()：从指定范围中随机返回一定数量的随机元素,允许重复。

```
>>> choices(range(10), k=5)
[1, 8, 6, 3, 5]
>>> choices(range(10), k=20)
[5, 6, 5, 3, 4, 1, 5, 2, 1, 3, 7, 1, 0, 1, 2, 7, 6, 4, 0, 2]
>>> choices('01', k=10)
['1', '0', '1', '0', '1', '1', '1', '1', '0', '1']
>>> choices([1, 2, 3, 4, 5], k=8)
[1, 3, 4, 4, 2, 4, 2, 5]
```

2.4.3 日期时间模块 datetime

日期时间模块 datetime 提供了与日期和时间有关的很多对象,例如日期类 date、时间类 time、日期时间类 datetime 和表示日期时间差的 timedelta 类。

```
>>> import datetime
>>> d = datetime.date.today()                    #获取今天的日期
>>> print(d.year)
2020
>>> print(d.month)
1
>>> print(d.day)
6
>>> dif = datetime.date(2020, 12, 31) - datetime.date(2019, 12, 31)
>>> dif.days                                     #两个日期之间相差的天数
366
>>> datetime.datetime.today()                    #查看当前日期时间
datetime.datetime(2020, 1, 6, 14, 54, 0, 942844)
>>> datetime.datetime.today().weekday()          #查看今天是周几
0
>>> datetime.date(2020, 1, 6).timetuple()        #返回时间结构,可转化为元组
time.struct_time(tm_year=2020, tm_mon=1, tm_mday=6, tm_hour=0, tm_min=0, tm_sec=0, tm_wday=0, tm_yday=6, tm_isdst=-1)
>>> datetime.date(2020, 10, 31).timetuple().tm_yday
                                                 #查看指定日期是当年的第几天
305
>>> now = datetime.datetime.now()
>>> now                                          #现在的日期时间
datetime.datetime(2020, 2, 26, 15, 58, 38, 572489)
>>> str(now)                                     #转换为字符串
'2020-02-26 15:58:38.572489'
>>> str(now)[:19]                                #截取前19个字符
'2020-02-26 15:58:38'
>>> now.timestamp()                              #返回时间戳
1582703918.572489
```

2.4.4　时间模块 time

时间模块 time 中提供了 time()、localtime()、sleep()等函数,在软件开发中也经常用到。

```
>>> import time
>>> start = time.t1me()                      #返回当前的时间戳
>>> start
1582704336.4180417
>>> end = time.time()                        #返回当前的时间戳
>>> end - start                              #计算两个时间戳之间相差的秒数
17.071288108825684
>>> time.localtime()                         #返回当前的日期时间元组
time.struct_time(tm_year=2020, tm_mon=2, tm_mday=26, tm_hour=16, tm_min=6, tm_sec
=8, tm_wday=2, tm_yday=57, tm_isdst=0)
>>> time.sleep(3)                            #暂停 3s
>>> time.localtime(start)                    #根据时间戳返回对应的日期时间元组
time.struct_time(tm_year=2020, tm_mon=2, tm_mday=26, tm_hour=16, tm_min=5, tm_sec
=36, tm_wday=2, tm_yday=57, tm_isdst=0)
```

2.4.5 标准库 collections

标准库 collections 中提供了很多对象,其中 Counter 类使用较多,可以用来快速统计若干元素中每个元素的出现次数,并且可以很容易地获取出现次数最多的部分元素。

```
>>> text = 'Beautiful is better than ugly.'
>>> import collections
>>> c = collections.Counter(text)
>>> c
Counter({'t': 4, ' ': 4, 'e': 3, 'u': 3, 'a': 2, 'i': 2, 'l': 2, 'B': 1, 'f': 1, 's': 1,
'b': 1, 'r': 1, 'h': 1, 'n': 1, 'g': 1, 'y': 1, '.': 1})
>>> c.most_common(3)
[('t', 4), (' ', 4), ('e', 3)]
```

2.4.6 标准库 itertools

标准库 itertools 也提供了大量常用对象,例如 chain()函数用来把多个可迭代对象中的元素连接起来,combinations()用来从若干元素中返回一定数量元素的所有组合(每个组合中的元素不重复),combinations_with_replacement()用来从若干元素中返回一定数量元素的所有组合(每个组合中的元素允许重复),cycle()用来把有限长度可迭代对象中的元素首尾相接构成一个无限的环,permutations()用来从若干元素中返回一定数量元素的所有排列,product()返回多个可迭代对象中元素的笛卡儿积,下面的代码演示了它们的用法。

```
>>> import itertools
>>> list(itertools.chain('abcd', [1, 2, 3], (4, 5, 6)))
['a', 'b', 'c', 'd', 1, 2, 3, 4, 5, 6]
>>> list(itertools.combinations('abcd', 3))
[('a', 'b', 'c'), ('a', 'b', 'd'), ('a', 'c', 'd'), ('b', 'c', 'd')]
>>> list(itertools.combinations_with_replacement('abcd', 3))
[('a', 'a', 'a'), ('a', 'a', 'b'), ('a', 'a', 'c'), ('a', 'a', 'd'), ('a', 'b', 'b'),
('a', 'b', 'c'), ('a', 'b', 'd'), ('a', 'c', 'c'), ('a', 'c', 'd'), ('a', 'd', 'd'),
('b', 'b', 'b'), ('b', 'b', 'c'), ('b', 'b', 'd'), ('b', 'c', 'c'), ('b', 'c', 'd'),
('b', 'd', 'd'), ('c', 'c', 'c'), ('c', 'c', 'd'), ('c', 'd', 'd'), ('d', 'd', 'd')]
>>> c = itertools.cycle('abcde')
>>> for i in range(20):
    print(next(c), end=' ')

a b c d e a b c d e a b c d e a b c d e
>>> list(itertools.permutations('abcd', 3))
[('a', 'b', 'c'), ('a', 'b', 'd'), ('a', 'c', 'b'), ('a', 'c', 'd'), ('a', 'd', 'b'),
('a', 'd', 'c'), ('b', 'a', 'c'), ('b', 'a', 'd'), ('b', 'c', 'a'), ('b', 'c', 'd'),
('b', 'd', 'a'), ('b', 'd', 'c'), ('c', 'a', 'b'), ('c', 'a', 'd'), ('c', 'b', 'a'),
('c', 'b', 'd'), ('c', 'd', 'a'), ('c', 'd', 'b'), ('d', 'a', 'b'), ('d', 'a', 'c'),
('d', 'b', 'a'), ('d', 'b', 'c'), ('d', 'c', 'a'), ('d', 'c', 'b')]
>>> list(itertools.product([1,2,3], 'ab'))
[(1, 'a'), (1, 'b'), (2, 'a'), (2, 'b'), (3, 'a'), (3, 'b')]
```

2.4.7 小海龟画图模块 turtle

小海龟画图模块(turtle)不仅仅是一个画图模块,也是用作图方式介绍编程的绝佳工具,它来自 Wally Feurzig(1927.6.10—2013.1.4)和 Seymour Papert(1928.2.29—

2016.7.31)于 1966 年在麻省理工学院 MIT 人工智能实验室开发的 Logo 编程语言。turtle 也可以说是一个以 tkinter 窗口为基础的开发框架。表 2-4 列出了小海龟画图常用命令。

表 2-4 小海龟画图常用命令

命　令	作用或用法
bk(x)或 back(x)	向后退 x 像素
circle(r, d, s)	circle(100),画以小海龟左侧半径长度处为圆心,半径为 100 像素的圆;如 circle(100,60)画一段 60°的弧;如 circle(100, 360,6)画一个正六边形(相当于 100 像素的圆的内接正六边形)
dot(x, color)	画粗细为 x 像素、颜色为 color 的点
down()或 pendown()或 pd()	落笔,移动时留下痕迹
fd(x)或 forward(x)	向前行进 x 像素
goto(x, y)或 setpos(x, y)或 setposition(x, y)	小海龟直接移动到(x,y)位置
home()	小海龟回到原始位置
lt(x)或 left(x)	向左转 x 度
pos()或 position()	获取小海龟坐标的元组
rt(x)或 right(x)	向右转 x 度
up()或 penup()或 pu()	抬笔,移动小海龟时没有痕迹

下面的代码使用 turtle 绘制了一个三角形,执行结果如图 2-9 所示。

```
import turtle              #导入小海龟库
t = turtle.Pen()            #定义作图笔,此时小光标在(0, 0)位置
t.fd(100)                   #向前运动 100 像素,也可用 t.foward(100)
t.left(120)                 #向左转 120°
t.fd(100)                   #继续向前运动 100 像素,画三角形第二条边
t.left(120)
t.fd(100)                   #画第三条边,完成了三角形的作图
                            #可以用下面命令改变形状.
t.shape("turtle")           #其中 'arrow'、'turtle'、'circle'、'square'、
                            #'triangle'、'classic'代表不同的形状
```

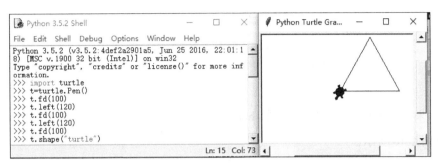

图 2-9　小海龟画三角形

下面的代码通过不停地抬笔和落笔,使用实线段模拟虚线绘制同心圆,大家可以运行程序观察绘制效果。

```
from turtle import Pen
from math import sin, cos, radians

#创建画笔
pen = Pen()
#隐藏画笔
pen.hideturtle()
#抬起画笔
pen.up()
for r in range(50, 200, 20):
    #计算步长,半径越大,角度步长越小
    #使得短画线长度基本保持一致,不至于越来越长
    step = 1000//r
    for theta in range(0, 361, step):
        #计算每个短画线的起始和结束位置
        start_theta = radians(theta)
        start_x = r*cos(start_theta)
        start_y = r*sin(start_theta)
        end_theta = radians(theta+0.7*step)
        end_x = r*cos(end_theta)
        end_y = r*sin(end_theta)
        #把画笔悬空移动到短画线起点,落下
```

```
pen.goto(start_x, start_y)
pen.down()
#绘制到短画线终点,然后抬起画笔
pen.goto(end_x, end_y)
pen.up()
```

如果想了解更多,打开 IDLE 的 help 菜单下的 Turtle Demo,查看很多有趣的例子,如图 2-10 所示。

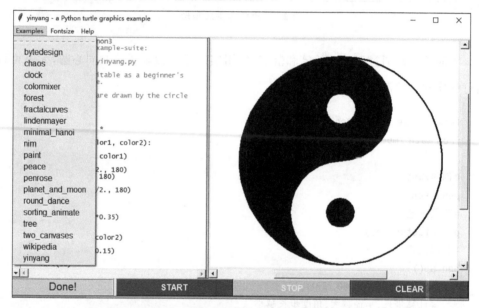

图 2-10　IDLE 自带的小海龟画图示例

2.4.8　图形界面开发模块 tkinter

Python 标准库 tkinter 是对 Tcl/Tk 的进一步封装,与 tkinter.ttk 和 tkinter.tix 共同提供了强大的跨平台图形用户界面(Graphical User Interface,GUI)编程的功能,IDLE 就是使用 tkinter 开发的。tkinter 提供了大量用于 GUI 编程的组件,表 2-5 列出了其中一部分。另外,tkinter.ttk 还提供了 Combobox、Progressbar 和 Treeview 等

组件,tkinter.scrolledtext 提供了带滚动条的文本框及 messagebox、commondialog、dialog、colorchooser、simpledialog、filedialog 等模块提供了各种对话框。使用 tkinter 开发程序界面的示例参考本书第 11 章。

表 2-5　tkinter 的常用组件

组件名称	说　　明
Button	按钮
Canvas	画布,用于绘制直线、椭圆、多边形等各种图形
Checkbutton	复选框形式的按钮
Entry	单行文本框
Frame	框架,可作为其他组件的容器,常用来对组件进行分组
Label	标签,常用来显示单行文本
Listbox	列表框
Menu	菜单
Message	多行文本框
Radiobutton	单选按钮,同一组中的单选按钮任何时刻只能有一个处于选中状态
Scrollbar	滚动条
Toplevel	常用来创建新的窗口

2.5　本章知识要点

(1) 在 Python 中一切都是对象。

(2) 常量是指不需要改变也不能改变的字面值。

(3) 不需要提前声明变量名及其类型,直接赋值就可以创建变量,并且 Python 解释器会根据值的类型自动推断变量的类型。

(4) 在 Python 中,变量的值和类型都是随时可以改变的。

(5) 不建议使用内置对象、标准库对象和扩展库对象的名字作为变量名、函数名和类名。

(6) 在 Python 3.x 中可以使用中文作为变量名。

(7) Python 中很多运算符作用于不同类型的操作数时具有不同的含义。

(8) 在 Python 中关系运算符可以连续使用,例如 1< 2< 3< 4。

(9) 逻辑运算符 and 和 or 具有惰性求值的特点,只计算必须计算的表达式的值,并且把最后计算的表达式的值作为整个表达式的值。

(10) 对于两个集合 A 和 B,如果 A< B 不成立,不代表 A>= B 一定会成立。

习题

1. 单选题:下面(　　)不是合法的变量名。

  A. age   B. name   C. 3_name   D. height

2. 单选题:下面(　　)不是合法的变量名。

  A. width   B. area   C. door_number   D. for

3. 多选题:下面表达式的值为 True 的有(　　)。

  A. 5 >3   B. 3 and 5

  C. 5 == 3   D. 3 not in [1,2,5]

4. 表达式 list(range(1,10,3)) 的值为_____。

5. 表达式 abs(3+4j) 的值为_____。

6. 表达式 -20//7 的值为_____。

7. 表达式 [1,2,3,4,5]>[2] 的值为_____。

8. 表达式 3 and 0 and 5 的值为_____。

9. 已知 x = [1,3,2],那么执行 y = sorted(x) 之后,x 的值为_____。

10. 假设标准库 math 已导入,那么表达式 math.gcd(24,8) 的值为_____。

11. 编写程序,输入使用逗号分隔的若干整数,然后输出这些整数按先后顺序连接得到的整数,例如输入"1,2,3,4",输出得到 1234。

第 3 章 选 择 结 构

本章重点介绍单分支选择结构、双分支选择结构、多分支选择结构和选择结构的嵌套,最后通过几个例题介绍选择结构的用法。

3.1 单分支选择结构

生活中处处充满了选择:如果周末不下雨就约同学去爬山,否则就在家写作业;去市场买菜的时候比较一下,哪家的又好又便宜就买哪家的;遇到不会的题目先自己思考,如果实在不会就和同学讨论一下,如果还是不会就去问老师。诸如此类,人们时刻都在根据实际情况做出这样或那样的选择。当某个或某些条件得到满足时就去做特定的事情,否则就做另一件事情,这就是选择结构。编写程序其实就是把人们的想法用程序设计语言描述出来,或者把想法从自然语言翻译成程序设计语言,类似于汉译英,只需要准确掌握了程序设计语言的语法和不同结构的含义就可以做到。

单分支选择结构

单分支选择结构语法如下所示,其中条件表达式后面的冒号是不可缺少的,表示一个语句块的开始,并且满足该条件时要执行的语句块必须做相应地缩进,一般是以 4 个空格为缩进单位。

```
if 条件表达式:
    语句块
```

当条件表达式成立(条件表达式的值为 True 或其他与 True 等价的值)时,表示条件得到满足,语句块被执行,否则该语句块不被执行,而是继续执行后面的代码(如果有的话),如图 3-1 所示。

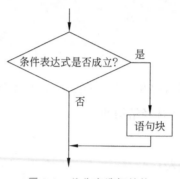

图 3-1　单分支选择结构

下面的代码简单演示了单分支选择结构的用法,其中内置函数 input()、print() 和 map() 的用法可以翻阅第 2 章。字符串的 split() 方法用来把字符串分隔成多个部分并返回分隔后的列表,详见 5.5 节。语句"a, b = b, a"属于序列解包的用法,可以交换两个变量的值,详见 5.7 节。

```
x = input('Input two numbers:')    #运行程序时,两个数字之间应使用空格分隔开
a, b = map(int, x.split())
if a > b:
    a, b = b, a                    #序列解包,交换两个变量的值
print(a, b)
```

注意:在 Python 中,代码的缩进非常重要,缩进是体现代码逻辑关系的重要方式,同一个代码块必须保证相同的缩进量。

🍁 **小提示**：汉语、英语或其他语言实际上都是表达和描述思想的不同形式而已，数学公式也是用来描述思想或问题解决方案的一种语言。所谓编写程序，就是使用程序设计语言把自己的思想描述出来。如果遇到不会编写的程序，可以尝试先用自己最熟悉的汉语或数学公式把解决问题的思路描述出来，然后再翻译成程序设计语言。

🍁 **小提示**：由于不同文本编辑器对制表符的识别和处理方式不同，在代码中使用空格进行缩进更加准确一些，一般以 4 个空格作为一个缩进单位。

🍁 **小提示**：所有合法的 Python 表达式都可以作为条件表达式，如果表达式的值等价于 True 则认为条件满足，否则认为条件不满足。只要不是 `0`、`0.0`、`0j`、None、False、空列表、空元组、空字符串、空字典、空集合、空 range 对象或其他空的容器对象，都认为等价（注意，等价不是相等）于 True。例如，空字符串等价于 False，包含任意字符的字符串都等价于 True；`0`、`0.0`、`0j` 等价于 False，除此之外的任意整数、实数和复数都等价于 True。对于一个给定的值，如果作为内置函数 `bool()` 的参数时返回 True 则表示这个值等价于 True，否则等价于 False。例如 `bool('3')` 的值为 True，`bool([])` 的值为 False。

3.2 双分支选择结构

双分支选择结构的语法如下：

```
if 条件表达式:
    语句块 1
else:
    语句块 2
```

双分支选择结构

当条件表达式的值为 True 或其他等价值时，执行语句块 1，否则执行语句块 2。语句块 1 或语句块 2 总有一个会执行，然后再执行后面的代码（如果有的话），如图 3-2 所示。

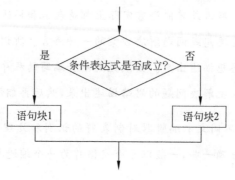

图 3-2 双分支选择结构

下面的代码通过鸡兔同笼问题演示了双分支结构的用法。鸡兔同笼问题是指,若干鸡与兔在同一笼中,已知鸡、兔头的总数和腿的总数,求鸡兔各几只。

```
jitu = int(input('请输入鸡兔总数:'))
tui = int(input('请输入腿的总数:'))
tu = (tui-jitu*2) / 2           #算出兔的数量
if int(tu) == tu and 0 =< tu and(jitu-tu)>=0:
    print('鸡:', jitu-tu, ' 兔:', tu)
else:
    print('数据输入不正确。')
```

运行结果:

请输入鸡兔总数:200
请输入腿的总数:600
鸡:100.0 兔:100.0

3.3 多分支选择结构

多分支选择结构为用户提供了更多的选择,可以实现复杂的业务逻辑,多分支选择结构的语法如下:

```
if 条件表达式 1:
    语句块 1
elif 条件表达式 2:
    语句块 2
elif 条件表达式 3:
    语句块 3
    ⋮
else:
    语句块 n
```

多分支选择结构

其中,关键字 elif 是 else if 的缩写。下面的代码演示了如何利用多分支选择结构把成绩从百分制变换到等级制。为了方便使用,这里定义了一个函数 func()用来把百分制成绩 score 转换为等级制成绩并返回,关于函数的知识参考第 6 章。

```
def func(score):
    if score > 100 or score < 0:
        return '分数必须在 0 与 100 之间.'
    elif score >= 90:
        return 'A'
    elif score >= 80:
        return 'B'
    elif score >= 70:
        return 'C'
    elif score >= 60:
        return 'D'
    else:
        return 'F'
```

3.4 选择结构的嵌套

选择结构可以进行嵌套来实现更加复杂的业务逻辑,语法如下:

```
if 表达式 1:
    语句块 1
```

```
    if 表达式 2:
        语句块 2
    else:
        语句块 3
else:
    if 表达式 4:
        语句块 4
```

选择结构的嵌套

上面语法示意中的代码层次和隶属关系如图 3-3 所示，注意相同层次的代码必须具有相同的缩进量。

图 3-3　代码层次与隶属关系

例如，前面百分制转等级制的代码，作为一种编程技巧，还可以尝试下面的写法：

```
def func(score):
    degree = 'DCBAAF'
    if score > 100 or score < 0:
        return '分数必须在 0 与 100 之间.'
    else:
        index = (score-60) // 10
        if index >= 0:
            return degree[index]
        else:
            return degree[-1]
```

> 注意：使用嵌套的选择结构时，一定要严格控制好不同级别代码块的缩进量，因为这决定了不同代码块的从属关系和业务逻辑是否被正确地实现，以及代码是否能够被正确理解和执行。

3.5　pass 语句

Python 提供了一个关键字 pass，执行该语句的时候什么也不会发生，可以用在选择结构、函数和类的定义中或者选择结构中，表示空语句。如果暂时没有确定如何实现某个功能，或者只是想为以后的软件升级预留一点空间，可以使用关键字 pass 来"占位"。例如下面的代码都是合法的：

```
>>>if 5 >3:                    #条件满足时什么也不做
    pass

>>>class A:                    #定义一个暂时没有任何内容的空类
    pass

>>>def demo():                 #定义一个什么也不做的函数
    pass
```

3.6　精彩例题分析与解答

例 3-1　编写程序，判断一个年份是否为闰年。

解析：本例主要演示选择结构的嵌套用法，注意缩进和对齐。另外，由于 input()函数把输入的内容作为字符串对待，所以需要使用 int()函数转换成为整数再判断。但是如果输入的不是数字的话，这个转换会失败并且出现错误，运行

例 3-1

代码时应注意这个问题。

```
year = input('请输入一个4位数字的年份:')
if len(year) != 4:
    print('输入错误')
else:
    year = int(year)
    if (year%4==0 and year%100!=0) or year%400==0:
        print('这是闰年')
    else:
        print('这不是闰年')
```

扫二维码查看源代码：

第一次运行结果：

请输入一个4位数字的年份：2017
这不是闰年

第二次运行结果：

请输入一个4位数字的年份：2016
这是闰年

小常识：地球绕太阳运行周期为365天5小时48分46秒(合365.242 19天)即一回归年(tropical year)。公历的平年只有365天，比回归年短约0.2422天，所余下的时间约为每四年累计一天，故第四年于2月末加1天，使当年的历年长度为366天，这一年就为闰年。现行公历中每400年有97个闰年。按照每四年一个闰年计算，平均每年就要多算出0.0078天，这样经过400年就会多算出大约3天来。因此每400年中要减少3个闰年。所以公历规定：年份是整百数时，必须是400的倍数才是闰年；不是400的倍数的年份，即使是4的倍数也不是闰年。(摘自百度百科)

拓展知识：可以使用Python标准库calendar提供的函数isleap()直接判断

给定年份是否为闰年。

```
>>> import calendar
>>> calendar.isleap(2020)
True
>>> calendar.isleap(2021)
False
```

例 3-2 编写程序,判断今天是今年的第几天。

解析:本例的要点是闰年判断的选择结构、内置函数 sum() 和列表切片的用法,列表切片操作的介绍参考 5.7 节。

例 3-2

```
import time

date = time.localtime()              #获取当前日期时间
year, month, day = date[:3]          #结果格式如(2017, 2, 28)
day_month = [31, 28, 31, 30, 31, 30, 31, 31, 30, 31, 30, 31]
                                     #每个月的天数
if year%400==0 or (year%4==0 and year%100!=0):   #判断是否为闰年
    day_month[1] = 29
if month == 1:
    print(day)
else:
    print(sum(day_month[:month-1])+day)
```

扫二维码查看源代码:

2020 年 2 月 21 日运行结果:

52

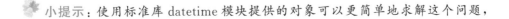

🌸 **小提示**:使用标准库 datetime 模块提供的对象可以更简单地求解这个问题,

参考 2.4.3 节。

3.7 本章知识要点

(1) 选择结构之间可以嵌套，用来描述更加复杂的逻辑关系。

(2) 选择结构中，每个条件限定的语句块必须做相应的缩进。

(3) 关键字 pass 表示空语句，执行后什么也不会做，常用来作为占位符。

习题

1. 判断对错：作为条件表达式时，3 和 5 是等价的。

2. 判断对错：作为条件表达式时，3 和 [3] 是等价的。

3. 判断对错：作为条件表达式时，[3] 和 {5} 是等价的。

4. 判断对错：对于双分支选择结构，必然有一个分支的代码会执行。

5. 判断对错：程序中任何一个 if 关键字必须有相应的 else 进行匹配。

6. 编写程序，输入一个表示小时的正整数，如果输入的正整数介于 [6,18) 区间就输出 '现在是白天'；如果介于 [0,6) 或 [18,24) 区间就输出 '现在是晚上'；如果输入其他数字就输出 '不是有效时间'。

7. 编写程序，连续调用两次内置函数 input() 接收两个实数，判断这两个实数的符号是否相同，如果都是正数或都是负数就输出 '符号相同'，否则输出 '符号不相同'。

8. 编写程序，输入一个正整数，判断是否为黑洞数，输出 '是' 或 '不是'。所谓黑洞数，是指这个数的各位数字能够组成的最大数减去能够组成的最小数得到这个数自身，例如 6174 是黑洞数，因为 7641-1467=6174。

第4章 循环结构

重复性的劳动会使人疲劳,但计算机不会,只要代码写正确,计算机就会孜孜不倦、不知疲劳地重复工作。本章首先介绍 Python 中的 for 和 while 两种循环结构的基本语法;然后介绍 break 和 continue 语句;最后通过几个例题来演示循环结构的应用。

4.1 for 循环与 while 循环

Python 主要有 for 循环和 while 循环两种形式的循环结构,循环结构可以嵌套使用,并且还经常和选择结构嵌套使用来实现复杂的业务逻辑。while 循环一般用于循环次数难以提前确定的情况,当然也可以用于循环次数确定的情况;for 循环一般用于循环次数可以提前确定的情况,尤其适用于枚举或遍历序列或可迭代对象中元素的场合。

在 Python 中,for 循环和 while 循环都可以带有 else 子句,对于带有 else 子句的循环结构,如果循环因为条件表达式不成立或序列遍历结束而自然结束时则执行 else 结构中的语句,如果循环是因为执行了 break 语句而导致循环提前结束则不会执行 else 中的语句。两种循环结构的完整语法形式分别如下:

```
while 条件表达式:
    循环体
[else:
```

        else 子句代码块]

和

    for 变量 in 可迭代对象:
        循环体
    [else:
        else 子句代码块]

其中,方括号内的 else 子句可以没有,也可以有。下面的代码用来输出 1～100 能被 7 整除但不能同时被 5 整除的所有整数。

```
for i in range(1, 101):
    if i%7==0 and i%5!=0:
        print(i)
```

下面的代码演示了带有 else 子句的循环结构,用来计算 1+2+3+…+99+100 的结果。

```
s = 0
for i in range(1, 101):            #不包括 101
    s += i
else:
    print(s)
```

上面的代码只是为了演示循环结构的语法,其中的 else 子句实际上并没有必要,循环结束后直接输出结果就可以了。另外,如果只是要计算 1+2+3+…+99+100 的值,直接用内置函数 sum()和 range()就可以了。

```
>>> sum(range(1, 101))
5050
```

4.2　break 与 continue 语句

break 和 continue

break 语句和 continue 语句在 while 循环和 for 循环中都可以使用,并且一般常与选择结构或异常处理结构结合使用。

一旦 break 语句被执行,将使得 break 语句所属层次的循环提前结束;continue 语句的作用是提前结束本次循环,忽略 continue 之后的所有语句,提前进入下一次循环。

下面的代码用来计算小于 100 的最大素数,内循环用来测试特定的整数 n 是否为素数,如果其中的 break 语句得到执行则说明 n 不是素数,并且由于循环提前结束而不会执行后面的 else 子句。如果某个整数 n 为素数,则内循环的 break 语句不会执行,内循环自然结束后执行后面 else 子句中的语句,输出素数 n 之后执行 break 语句跳出外循环。

```
for n in range(100, 1, -1):
    if n%2==0 and n!=2:
        continue
    for i in range(3, int(n**0.5)+1, 2):
        if n%i == 0:
            #结束内循环
            break
    else:
        print(n)
        #结束外循环
        break
```

删除上面代码中最后一个 break 语句,则可以按从大到小的顺序输出 100 以内的所有素数。

> 注意:过多的 break 和 continue 语句会降低程序的可读性。因此,除非 break 或 continue 语句可以让代码更简单或更清晰,否则不要轻易使用。

4.3 精彩例题分析与解答

例 4-1 快速判断一个大于 5 的整数是否为素数。

解析:本例主要演示选择结构和循环结构之间嵌套的用法,注意缩进和对齐,以及带 else 的 for 循环的用法。

```python
n = input("输入一个大于 5 的自然数:")
#把输入的内容转换为整数,如果输入的不是整数,这里会出错
n = int(n)
#大于 2 的偶数必然不是素数
if n%2 == 0:
    print('No')
else:
    #大于 5 的素数必然出现在 6 的倍数两侧
    #因为 6x+2、6x+3、6x+4 肯定不是素数
    #假设 x 为大于 1 的自然数
    m = n%6
    if m!=1 and m!=5:
        print('No')
    else:
        #只需要判断 3~n 的平方根这个范围的奇数是否能够整除 n
        #这样速度更快
        for i in range(3, int(n**0.5)+1, 2):
            if n%i == 0:
                #只要有因数就不是素数,就结束循环
                #执行 break 后下面 else 中的代码将不被执行
                print('No')
                break
        else:
            print('Yes')
```

例 4-1

扫二维码查看源代码:

第一次运行结果:

输入一个大于 5 的自然数: 13
Yes

第二次运行结果：

输入一个大于 5 的自然数：123
No

例 4-2 编写程序，使用嵌套的循环结构打印九九乘法表。

解析：这个例子主要演示循环结构的嵌套，注意缩进和对齐。代码中字符串格式化方法 format() 的用法参考 5.5 节。

例 4-2

```
for i in range(1, 10):
    for j in range(1, i+1):        #注意这里的循环范围
        print('{0}*{1}={2}'.format(i, j, i*j), end=' ')
    print()                         #打印空行
```

扫二维码查看源代码：

运行结果：

1 * 1 = 1
2 * 1 = 2   2 * 2 = 4
3 * 1 = 3   3 * 2 = 6   3 * 3 = 9
4 * 1 = 4   4 * 2 = 8   4 * 3 = 12   4 * 4 = 16
5 * 1 = 5   5 * 2 = 10 5 * 3 = 15   5 * 4 = 20   5 * 5 = 25
6 * 1 = 6   6 * 2 = 12 6 * 3 = 18   6 * 4 = 24   6 * 5 = 30   6 * 6 = 36
7 * 1 = 7   7 * 2 = 14 7 * 3 = 21   7 * 4 = 28   7 * 5 = 35   7 * 6 = 42   7 * 7 = 49
8 * 1 = 8   8 * 2 = 16 8 * 3 = 24   8 * 4 = 32   8 * 5 = 40   8 * 6 = 48   8 * 7 = 56   8 * 8 = 64
9 * 1 = 9   9 * 2 = 18 9 * 3 = 27   9 * 4 = 36   9 * 5 = 45   9 * 6 = 54   9 * 7 = 63   9 * 8 = 72   9 * 9 = 81

例 4-3 编写程序，计算百钱买百鸡问题。假设公鸡 5 元一只，母鸡 3 元一只，小鸡 1 元三只，现在有 100 元钱，想买 100 只鸡，问有多少种买法？

解析：本例重点在于内置函数 range()和循环嵌套的用法。

```
#假设能买 x 只公鸡,x 最大为 20
for x in range(21):
    #假设能买 y 只母鸡,y 最大为 33
    for y in range(34):
        #假设能买 z 只小鸡
        z = 100-x-y
        #使用 z%3==0 保证小鸡必须买 3 的倍数只
        if z%3==0 and (5*x+3*y+z//3==100):
            print(x, y, z)
```

例 4-3

扫二维码查看源代码：

运行结果：

0 25 75
4 18 78
8 11 81
12 4 84

例 4-4 编写程序,输出 200 以内能被 17 整除的最大正整数。

解析：本例使用 range()函数来控制循环的数值范围,依次判断 200、199、198、…、3、2、1 范围内的整数,如果某个整数恰好能被 17 整除,就使用 break 结束循环。

```
for i in range(200, 0, -1):
    if i%17 == 0:
        print(i)
        break
```

扫二维码查看源代码：

运行结果：

187

例 4-5　编写程序，求解指定函数在给定区间上的最大值。

解析：本例主要是演示内置函数 map() 和 max() 的用法。

```
#两个多项式函数,lambda 表达式的知识参考 6.5 节
func1 = lambda x: 5*x**3 + 6*x**2 + 2*x + 8
func2 = lambda x: x**2 - 6*x + 9

#自变量定义域
xs = []
for i in range(0, 200):
    xs.append(i/50)

#输出两个函数在给定区间的最大值
print(max(map(func1, xs)))
print(max(map(func2, xs)))
```

例 4-5

扫二维码查看源代码：

运行结果：

426.22636
9.0

例 4-6　编写程序模拟抓小狐狸的小游戏。假设共有一排 5 个洞口，小狐狸最开

始的时候在其中一个洞口,然后人随机打开一个洞口,如果里面有小狐狸就抓到了;如果洞口里没有小狐狸就明天再来抓,但是第二天小狐狸会在有人来抓之前跳到隔壁洞口里。

解析:在本例中,使用一个列表来模拟 5 个洞口,现在还没有详细学习列表,暂时理解为一个可以存放几个洞口编号的容器就可以了。如果某个洞口编号对应的值为 1 就表示里面有小狐狸,0 表示小狐狸不在这个编号的洞里。本例主要演示选择结构和循环结构的用法,请注意理解和体会其中的妙处。

例 4-6

```python
from random import choice, randrange

def catchMe(n=5, maxStep=10):
    '''模拟抓小狐狸,一共 n 个洞口,允许抓 maxStep 次
    如果失败,小狐狸就会跳到隔壁洞口'''
    #n 个洞口,有小狐狸为 1,没有小狐狸为 0
    positions = [0] * n
    #小狐狸的随机初始位置
    oldPos = randrange(1, n)
    positions[oldPos] = 1
    #最多允许抓 maxStep 次
    while maxStep > 0:
        maxStep -= 1
        #这个循环保证用户的输入是有效洞口编号
        while True:
            try:
                x = input('你今天打算打开哪个洞口呀?(0-{0}):'.format(n-1))
                #如果输入的不是数字,就会跳转到 except 部分
                x = int(x)
                #如果输入的洞口有效,结束这个循环,否则就继续输入
                if 0 <= x < n:
                    break
                else:
                    print('要按套路来啊,再给你一次机会。')
            except:
```

```
            #如果输入的不是数字,就执行这里的代码
            print('要按套路来啊,再给你一次机会。')
        if positions[x] == 1:
            print('成功,我抓到小狐狸了。')
            break
        else:
            print('今天又没抓到。')
            print(positions)
    #如果这次没抓到,狐狸就跳到隔壁洞口
        if oldPos == n-1:
            newPos = oldPos-1
        elif oldPos == 0:
            newPos = oldPos+1
        else:
            newPos = oldPos + choice((-1, 1))
        positions[oldPos], positions[newPos] = 0, 1
        oldPos = newPos
    else:
        print('放弃吧,你这样乱试是没有希望的。')

#启动游戏,开始抓小狐狸吧
catchMe()
```

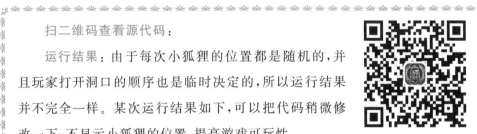

扫二维码查看源代码:

运行结果:由于每次小狐狸的位置都是随机的,并且玩家打开洞口的顺序也是临时决定的,所以运行结果并不完全一样。某次运行结果如下,可以把代码稍微修改一下,不显示小狐狸的位置,提高游戏可玩性。

你今天打算打开哪个洞口呀?(0-4):3
今天又没抓到。
[0, 0, 1, 0, 0]

> 你今天打算打开哪个洞口呀？(0-4):3
> 今天又没抓到。
> [0, 1, 0, 0, 0]
> 你今天打算打开哪个洞口呀？(0-4):2
> 成功,我抓到小狐狸了。

例4-7 编写程序,实现简单的计时器功能(倒计时)。

解析:本例主要演示 while 循环结构的用法,同时演示了 Python 标准库 datetime 的用法。

例4-7

```python
import datetime
import time
import random

def Timer(y, m, d, h, mu, s):
    '''参数分别为年、月、日、时、分、秒'''
    #闹钟开始响的时间
    stopTime = datetime.datetime(y, m, d, h, mu, s)
    #如果超过一分钟,就不响了
    maxTime = stopTime + datetime.timedelta(minutes=1)
    while True:
        #获取当前日期和时间
        now = datetime.datetime.now()
        if now >= stopTime:
            #如果已超时一分钟,结束循环
            if now > maxTime:
                print('时间已过一分钟,请重新设置时间')
                break
            else:
                time.sleep(1)
                delta = stopTime - now
                print('剩余:', delta.seconds, '秒')

Timer(2020, 2, 8, 20, 31, 0)
```

```
print('时间到!')
```

扫二维码查看源代码:

运行结果(**略**):请自行修改函数调用的参数日期和时间,应比当前时间晚一点,程序运行后到了设定的时间会显示倒计时,最后会提示"时间到!"。如果设置的日期时间比前一分钟更早,则会提示"时间已过一分钟,请重新设置时间"。

4.4 本章知识要点

(1) Python 中有 for 和 while 两种循环。
(2) Python 中的循环结构可以带有 else 子句。
(3) 语句 break 用来跳出所在层次的循环结构。
(4) 语句 continue 用来结束本次循环,提前进入下次循环。

习题

1. 判断对错:break 和 continue 只能用在循环结构中,不能在循环结构之外单独使用。

2. 判断对错:for 循环可以带 else 子句,while 循环不可以。

3. 判断对错:在 Python 程序中,每个 else 子句必须和前面某个 if 或者 elif 对齐和匹配。

4. 编写程序,使用循环结构求解鸡兔同笼问题。假设鸡和兔共 30 只,有 90 条腿,使用循环结构求解鸡、兔各有多少只。

5. 编写程序,重做本章的抓小狐狸的小游戏。要求不再使用列表模拟洞口,使用一个整数表示小狐狸的当前洞口编号,玩家输入一个整数,如果输入的整数恰好等于小狐狸当前所在的洞口编号则表示抓住;表示小狐狸洞口编号的整数加 1 表示向右跳,减 1 表示向左跳。

6. 重做本章例 4-5,要求进一步改进程序,判断函数在指定的区间上是否单调递增函数。如果在指定的区间上,自变量变大时函数值也变大则为单调递增函数。

7. 编写程序,计算车牌号。一辆卡车违反交通规则后逃逸,现场有 3 人目击证人,但都没有记住车号,只记下车号的一些特征。甲说牌照的前两位数字是相同的;乙说牌照的后两位数字是相同的,但与前两位不同;丙是数学家,他说:四位的车号刚好是一个整数的平方。请根据以上线索求出车号。

8. 编写程序,使用循环结构计算一个任意正整数各位数字之和。

9. 编写程序,计算并输出小于 100 的正整数中,按从小到大的顺序看,倒数第三个素数。

10. 编写程序,输入一个数字,判断是否为丑数,输出'是'或'不是'。所谓丑数是指质因数只包含 2、3、5 的正整数,也就是说,如果一个正整数包含除 2、3、5 之外的其他质因数,那么不是丑数。

11. 编写程序,输入若干表示考试成绩的正整数,要求每个正整数介于(0,100]区间内,输入 0 表示结束,如果成绩无效就跳过,最终输出所有有效成绩的平均分。

第5章 Python 序列及应用

Python 中常用的序列结构有列表、元组、字典、字符串、集合等，从是否有序这个角度可以分为有序序列和无序序列两大类，从是否可变来看可以分为可变序列和不可变序列两大类，如图 5-1 所示。另外，生成器对象和 range、map、enumerate、filter、zip 等对象的某些用法也类似于序列，尽管这些对象更大的特点是惰性求值。列表、元组、字符串等有序序列，以及 range 对象均支持双向索引，第一个元素下标为 0，第二个元素下标为 1，以此类推；如果使用负整数作为索引，则最后一个元素下标为 -1，倒数第二个元素下标为 - 2，以此类推。可以使用负整数作为索引是 Python 有序序列的一大特色，熟练掌握和运用可以大幅度提高开发效率。

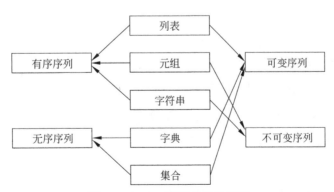

图 5-1　Python 序列分类示意图

注意：有人认为不应该把字典和集合看成 Python 序列，但这并不重要。虽然这两种类型与列表、元组、字符串有些区别，但也有很多相同的用法，放在一起讨论和比较也是合适的。

小常识：有序序列是指序列中每个元素有明确的前后顺序和位置的容器类对象，可以很明确地说第几个元素是谁，可以使用位置编号作为下标直接访问指定位置上的元素，也支持切片操作访问其中的一部分元素。列表、元组、字符串都属于有序序列。生成器对象、zip 对象、map 对象、filter 对象、enumerate 对象以及其他类似的对象虽然也具有有序序列的部分特点，例如元素之间有明确的前后顺序，但是惰性求值的特点决定了这些对象不支持下标和切片，所以一般并不看作是有序序列。

无序序列是指元素没有位置的容器类对象，不能说第几个元素是谁，不支持位置编号作为下标，也不支持切片操作。字典、集合属于无序序列，字典虽然可以支持下标，但下标不是元素的位置编号，而是元素的"键"。

5.1 列表

列表是包含若干元素的有序连续内存空间。在形式上，列表的所有元素放在一对方括号内，相邻元素之间使用逗号分隔。在 Python 中，同一个列表中元素的数据类型可以各不相同，列表中可以同时包含整数、实数、字符串等基本类型的元素，也可以包含列表、元组、字典、集合以及其他任意对象，如果只有一对方括号而没有任何元素则表示空列表。下面几个都是合法的列表对象：

```
[10, 20, 30, 40]
['crunchy frog', 'ram bladder', 'lark vomit']
['spam', 2.0, 5, [10, 20]]
[['file1', 200, 7], ['file2', 260, 9]]
[{3}, {5:6}, (1, 2, 3)]
```

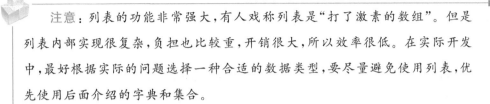

注意：列表的功能非常强大，有人戏称列表是"打了激素的数组"。但是列表内部实现很复杂，负担也比较重，开销很大，所以效率很低。在实际开发中，最好根据实际的问题选择一种合适的数据类型，要尽量避免使用列表，优先使用后面介绍的字典和集合。

5.1.1 列表创建与删除

使用赋值运算符"="直接将一个列表赋值给变量即可创建列表对象，例如：

```
>>>a_list = ['a', 'b', 'mpilgrim', 'z', 'example']
>>>a_list = []                              #创建空列表
```

也可以使用 list()函数把元组、range 对象、字符串、字典、集合或其他可迭代对象转换为列表。需要注意的是，把字典转换为列表时默认是将字典的"键"转换为列表，不是把字典的元素转换为列表，如果想把字典的元素转换为列表，需要使用字典对象的 items()方法明确说明，也可以使用 values()明确说明把字典的"值"转换为列表。

```
>>>x = list()                               #创建空列表
>>>list((3, 5, 7, 9, 11))                   #将元组转换为列表
[3, 5, 7, 9, 11]
>>>list(range(1, 10, 2))                    #将 range 对象转换为列表
[1, 3, 5, 7, 9]
>>>list('hello world')                      #将字符串转换为列表
['h', 'e', 'l', 'l', 'o', ' ', 'w', 'o', 'r', 'l', 'd']
>>>list({3, 7, 5})                          #将集合转换为列表
[3, 5, 7]
>>>list({'a':3, 'b':9, 'c':78})             #将字典的"键"转换为列表
['a', 'c', 'b']
>>>list({'a':3, 'b':9, 'c':78}.values())    #将字典的"值"转换为列表
[3, 9, 78]
>>>list({'a':3, 'b':9, 'c':78}.items())     #将字典的"键:值"元素对转换为列表
[('b', 9), ('c', 78), ('a', 3)]
```

当一个列表不再使用时,可以使用 del 命令将其删除,这一点适用于所有类型的 Python 对象。

```
>>> x = [1, 2, 3]
>>> del x                          #删除列表对象
>>> x                              #对象删除后无法再访问,抛出异常
NameError: name 'x' is not defined
```

> 小提示:为了节约篇幅,本书大部分位置略去了代码抛出的错误信息,只保留了实质性错误输出,完整的错误信息可以自行调试代码查看。

5.1.2 列表元素访问

创建列表之后,可以使用整数作为下标来访问其中的元素,使用 0 表示第 1 个元素的位置,1 表示第 2 个元素的位置,2 表示第 3 个元素的位置,以此类推;列表还支持使用负整数作为下标,使用-1 表示最后 1 个元素的位置,-2 表示倒数第 2 个元素的位置,-3 表示倒数第 3 个元素的位置,以此类推。列表对双向索引的支持如图 5-2 所示(以列表 list('Python')为例)。

```
>>> x = list('Python')             #创建列表对象
>>> x
['P', 'y', 't', 'h', 'o', 'n']
>>> x[0]                           #下标为 0 的第一个元素
'P'
>>> x[-1]                          #下标为 -1 的最后一个元素
'n'
```

图 5-2 双向索引示意图

> 小提示:有时候负数做下标比正数做下标更方便,尤其是在列表切片操作中。

5.1.3 列表常用方法

方法(method)一般指某一类对象所支持的行为,与函数的形式类似,但要通过对象来调用。

列表、元组、字典、集合、字符串等 Python 序列有很多操作是通用的,而不同类型的序列又有一些特有的方法或支持某些特有的运算符和内置函数。列表对象常用的方法如表 5-1 所示。

列表常用方法

表 5-1 列表对象常用的方法

方　　法	说　　明
append(x)	将 x 追加至列表尾部
extend(L)	将列表 L 中的所有元素追加至列表尾部
insert(index, x)	在列表 index 位置处插入 x,该位置后面的所有元素后移并且在列表中的索引加 1,如果 index 的值大于列表长度则在列表尾部追加 x
remove(x)	在列表中删除第一个值为 x 的元素,该元素之后的所有元素前移,在列表中的索引减 1,如果列表中没有值为 x 的元素则抛出异常
pop([index])	删除并返回列表中下标为 index 的元素,如果不指定 index 则默认为 -1,也就是删除并返回最后一个元素
clear()	删除列表中所有元素,但保留列表对象
index(x)	返回列表中第一个值为 x 的元素的索引,若不存在值为 x 的元素则抛出异常
count(x)	返回 x 在列表中的出现次数
reverse()	对列表所有元素进行原地翻转,首尾交换
sort(key=None, reverse=False)	对列表中的元素进行排序,key 用来指定排序规则,reverse 为 False 表示升序,为 True 表示降序

1. append()、insert()、extend()

append()、insert()和 extend()都可以用于向列表对象中添加元素,其中,append()用于向列表尾部追加一个元素,insert()用于向列表任意指定位置插入一个元素,

extend()用于将另一个列表中的所有元素追加至当前列表的尾部。这3个方法都属于原地操作，不影响列表对象在内存中的起始地址，也没有返回值。

```
>>> x = [1, 2, 3]
>>> id(x)                       #查看对象的内存地址
                                #这里的结果可能和你的不一样
                                #这是正常的
50159368
>>> x.append(4)                 #在尾部追加元素
>>> x.insert(0, 0)              #在指定位置插入元素
>>> x.extend([5, 6, 7])         #在尾部追加多个元素
>>> x
[0, 1, 2, 3, 4, 5, 6, 7]
>>> id(x)                       #列表在内存中的地址不变
50159368
```

注意：在使用函数和对象方法时，一定要注意哪些有返回值哪些没有返回值。例如，内置函数sorted()、map()、zip()、enumerate()等大多都有返回值，而列表的append()、insert()、extend()、remove()、clear()、sort()、reverse()等方法没有返回值(或者说返回空值None)，而index()、count()、pop()等方法是有返回值的。一个函数或方法有没有返回值，会在一定程度上影响用法。

```
>>> x = list(range(5))
>>> x
[0, 1, 2, 3, 4]
>>> y = x.sort(reverse=True)    #这样的返回值是没有意义的
>>> y
>>> print(y)
None
>>> x                           #列表的sort()方法是原地操作的
[4, 3, 2, 1, 0]
>>> y = sorted(x)               #这样的返回值才是有意义的
>>> y
```

```
[0, 1, 2, 3, 4]
```

2. pop()、remove()、clear()

pop()、remove()和 clear()用于删除列表中的元素,其中 pop()用于删除并返回指定位置(默认是最后一个)上的元素,如果指定的位置不是合法的索引则抛出异常,对空列表调用 pop()方法也会抛出异常;remove()用于删除列表中第一个值与指定值相等的元素,如果列表中不存在该元素则抛出异常;clear()用于清空列表中的所有元素。这 3 个方法也属于原地操作,不影响列表对象的内存地址。另外,还可以使用 del 命令删除列表中指定位置的元素,同样也属于原地操作。

```
>>>x = [1, 2, 3, 4, 5, 6, 7]
>>>x.pop()                    #弹出并返回尾部元素
7
>>>x.pop(0)                   #弹出并返回指定位置的元素
1
>>>x.clear()                  #删除所有元素
>>>x
[]
>>>x = [1, 2, 1, 1, 2]
>>>x.remove(2)                #删除首个值为 2 的元素
>>>x
[1, 1, 1, 2]
>>>del x[3]                   #删除指定位置上的元素
>>>x
[1, 1, 1]
```

注意:由于列表具有内存自动收缩和扩张功能,在列表中间位置插入或删除元素时,不仅效率较低,该位置后面所有元素在列表中的索引都会发生变化,必须牢牢记住这一点,尽量避免在列表中间位置或头部位置进行元素的添加和删除操作。

注意：一般来说，原地操作的方法不会有返回值，但列表的pop()方法比较特殊，既属于原地操作，又有返回值。

3. count()、index()

列表方法count()用于返回列表中指定元素出现的次数；index()用于返回指定元素在列表中首次出现的位置，如果该元素不在列表中则抛出异常。

```
>>> x = [1, 2, 2, 3, 3, 3, 4, 4, 4, 4]
>>> x.count(3)                    #元素3在列表x中的出现次数
3
>>> x.index(5)                    #列表x中没有5，出错
ValueError: 5 is not in list
```

注意：如果列表的count()方法返回0，则表示列表中不存在该元素。尽管如此，测试一个元素是否存在于列表中时，优先推荐使用成员测试运算符in。

4. sort()、reverse()

列表对象的sort()方法用于按照指定的规则对所有元素进行排序，默认规则是所有元素按本身大小从小到大升序排序；reverse()方法用于将列表中的所有元素逆序或翻转，也就是第一个元素和倒数第一个元素交换位置，第二个元素和倒数第二个元素交换位置，以此类推。

```
>>> x = list(range(11))           #包含11个整数的列表
>>> import random
>>> random.shuffle(x)             #把列表x中的元素随机乱序
>>> x
[6, 0, 1, 7, 4, 3, 2, 8, 5, 10, 9]
>>> x.sort(key=lambda item:len(str(item)), reverse=True)
```

```
                              #按转换成字符串以后的长度降序排列
>>> x
[10, 6, 0, 1, 7, 4, 3, 2, 8, 5, 9]
>>> x.sort(key=str)           #按转换为字符串后的大小升序排序
>>> x
[0, 1, 10, 2, 3, 4, 5, 6, 7, 8, 9]
>>> x.sort()                  #按元素本身大小升序排序
>>> x
[0, 1, 2, 3, 4, 5, 6, 7, 8, 9, 10]
>>> x.reverse()               #把所有元素翻转或逆序
>>> x
[10, 9, 8, 7, 6, 5, 4, 3, 2, 1, 0]
```

列表对象的 sort() 和 reverse() 分别对列表进行原地排序(in-place sorting)和逆序,并且没有返回值。所谓"原地",意思是用处理后的数据替换原来的数据,列表首地址不变,并且列表中元素原来的顺序全部丢失。如果不想丢失原来的顺序,可以使用 2.3 节介绍的内置函数 sorted() 和 reversed()。

5.1.4　列表对象支持的运算符

(1) 加法运算符(+)也可以实现列表增加元素的目的,但这个运算符不属于原地操作,而是返回新列表,并且涉及大量元素的复制,效率非常低。

```
>>> x = [1, 2, 3]
>>> x = x + [4]               #连接两个列表
>>> x
[1, 2, 3, 4]
```

注意:两个列表相加会得到新列表,不属于原地操作,涉及大量元素的复制,效率很低,在连接长列表时不推荐使用加法运算符,而应该用 append() 或者 extend() 方法。下面的乘法运算符与此相似。

（2）乘法运算符(*)可以用于列表和整数相乘，表示序列重复，返回新列表，从一定程度上来说也可以实现为列表增加元素的功能，该运算符也适用于元组和字符串。

```
>>> x = [1, 2, 3, 4]
>>> x = x * 2                    #元素重复，返回新列表
>>> x
[1, 2, 3, 4, 1, 2, 3, 4]
>>> [1, 2, 3, 4] * 0             #0次重复，返回空列表
[]
```

（3）成员测试运算符 in 可用于测试列表中是否包含某个元素，查询时间随着列表长度的增加而线性增加，而同样的操作对于集合而言则是常数级的。

```
>>> 3 in [1, 2, 3]
True
>>> 3 in [1, 2, '3']
False
```

注意：如果列表非常大的话，in 操作会花费很长时间。

5.1.5 内置函数对列表的操作

除了列表对象自身方法之外，很多 Python 内置函数也可以对列表进行操作。例如，max()、min()函数用于返回列表中所有元素中的最大值和最小值，sum()函数用于返回列表中所有元素之和，len()函数用于返回列表中元素个数，zip()函数用于将多个列表中元素重新组合为元组并返回包含这些元组的 zip 对象，enumerate()函数返回包含若干下标和值的迭代器对象，map()函数把函数映射到列表上的每个元素，filter()函数根据指定函数的返回值对列表元素进行过滤，all()函数用来测试列表中是否所有元素都等价于 True，any()用来测试列表中是否有等价于 True 的元素。另外，标准库 functools 中的 reduce()函数，标准库 itertools 中的 compress()、groupby()、dropwhile()等大量函数也可以对列表进行操作。

```
>>> x = list(range(11))                    #生成列表
>>> import random
>>> random.shuffle(x)                      #打乱列表中元素的顺序
>>> x
[0, 6, 10, 9, 8, 7, 4, 5, 2, 1, 3]
>>> all(x)                                 #测试是否所有元素都等价于 True
False
>>> any(x)                                 #测试是否存在等价于 True 的元素
True
>>> max(x)                                 #返回最大值
10
>>> max(x, key=str)                        #按指定规则返回最大值
9
>>> min(x)
0
>>> sum(x)                                 #所有元素之和
55
>>> len(x)                                 #列表元素个数
11
>>> list(zip(x, [1]*11))                   #多列表元素重新组合
[(0, 1), (6, 1), (10, 1), (9, 1), (8, 1), (7, 1), (4, 1), (5, 1), (2, 1), (1, 1), (3, 1)]
>>> list(zip(range(1, 4)))                 #zip()函数也可以用于一个可迭代对象
[(1,), (2,), (3,)]
>>> list(zip(['a', 'b', 'c'], [1, 2]))     #如果两个列表不等长,以短的为准
[('a', 1), ('b', 2)]
>>> enumerate(x)                           #枚举列表元素,返回 enumerate 对象
<enumerate objectat 0x00000000030A9120>
>>> list(enumerate(x))                     #enumerate 对象可以转换为列表、元组、集合
[(0, 0), (1, 6), (2, 10), (3, 9), (4, 8), (5, 7), (6, 4), (7, 5), (8, 2), (9, 1), (10, 3)]
```

5.1.6 精彩例题分析与解答

例 5-1 编写程序,在指定的整数范围内生成指定数量的不重复数字。

解析:本例重点是随机数的生成和列表的操作,包括使用内置函数 len() 来获得

列表中元素的个数、使用关键字 in 测试某个元素是否在列表中、使用列表的 append() 方法在列表尾部追加元素。代码中使用到了函数定义,有关内容参考第 6 章的介绍。关于 random 模块的更多用法参考 2.4.2 节。

例 5-1

```
import random

def randomNumbers(number, start, end):
    '''使用列表来生成 number 个介于 start 和 end 之间的不重复随机数'''
    if number > end-start:
        return'error'
    data = list()
    while len(data) < number:
        #生成一个随机数
        element = random.randint(start, end)
        if element not in data:
            data.append(element)
    return data

print(randomNumbers(5, 1, 10))
```

扫二维码查看源代码:

运行结果(略):因为产生的是随机数,所以每次运行结果并不完全相同,但产生的随机数特征是固定的,那就是不重复,并且都在闭区间[start,end]上,共 number 个数字。

例 5-2 模拟整数乘法的小学竖式计算方法。

解析:本例重点在于循环结构和内置函数 enumerate() 的用法,对照整数相乘的竖式看代码会更清晰一些。

'''小学整数乘法竖式计算示例

```
    12345
×)    678
- - - - - - - - -
    98760
   86415
 74070
- - - - - - - - - -
 8369910
'''

from random import randint

def mul(a, b):
    '''小学竖式两个整数相乘的算法实现'''
    #把两个整数的各位数字分离开再逆序
    aa = list(map(int, reversed(str(a))))
    bb = list(map(int, reversed(str(b))))
    
    #n 位整数和 m 位整数的乘积最多是 n+m 位整数
    result = [0] * (len(aa)+len(bb))
    
    #按小学整数乘法竖式计算两个整数的乘积
    for ib, vb in enumerate(bb):
        #c 表示进位,初始为 0
        c = 0
        for ia, va in enumerate(aa):
            #Python 中内置函数 divmod()可以同时计算整商和余数
            c, result[ia+ib] = divmod(va*vb+c+result[ia+ib], 10)
        #最高位的余数应进到更高位
        result[ia+ib+1] = c
    
    #整理,变成正常结果
    result = int(''.join(map(str,reversed(result))))
    return result

#测试
for i in range(100000):
```

```
a = randint(1, 1000)
b = randint(1, 1000)
r = mul(a, b)
if r != a*b:
    print(a, b, r, 'error')
```

扫二维码查看源代码：

运行结果：没有任何输出，说明计算方法正确，没有错误。

例5-3 编写程序，模拟报数游戏。有 n 个人围成一圈，顺序编号，从第一个人开始从 1 到 k（例如 k=3）报数，报到 k 的人退出圈子，然后圈子缩小，从下一个人继续游戏，问最后留下的是原来的第几号。

解析：本例用到了标准库 itertools 中的 cycle 对象，该对象用来循环遍历给定的序列，相当于把所有元素首尾相接。另外，本例的另一个重点是通过列表的切片操作来模拟一个人的出局，关于切片的内容参考 5.8 节。

```
from itertools import cycle

def demo(lst, k):
    #切片，以免影响原来的数据
    t_lst = lst[:]
    #游戏一直进行到只剩下最后一个人
    while len(t_lst) > 1:
        #创建cycle对象
        c = cycle(t_lst)
        #从1到k报数
        for i in range(k):
            t = next(c)
        #一个人出局，圈子缩小
```

例5-3

```
            index = t_lst.index(t)
            t_lst = t_lst[index+1:] + t_lst[:index]
    #游戏结束
    return t_lst[0]

lst = list(range(1, 11))
print(demo(lst, 3))
```

扫二维码查看源代码：

运行结果：

4

例 5-4   编写代码,模拟决赛现场最终成绩的计算过程。

解析：本例重点是 while 循环的用法,另外要注意异常处理结构 try…except 的用法,本书并没有专门介绍这个结构,简单了解一下即可。其中,try 限定的代码是可能会出问题的代码,先试着运行一下,如果没有出现错误就正常执行,如果运行时出了错误就执行 except 中的代码。在本例中,使用内置函数 input() 来接收键盘输入,但是这个函数把接收的内容作为字符串返回,需要使用内置函数 int() 转换成整数或者使用 float() 转换成实数。如果输入的内容中有不是数字的符号,使用 int() 或者 float() 进行转换时会发生错误。使用 try…except 这个异常处理结构可以避免因为输入不合法而导致的程序崩溃。

```
#这个循环用来保证必须输入大于 2 的整数作为评委人数
while True:
    try:
        n = int(input('请输入评委人数:'))
        if n <= 2:
            print('评委人数太少,必须多于 2 个人。')
        else:
```

例 5-4

```python
        #如果输入大于 2 的整数,就结束循环
        break
    except:
        pass

#用来保存所有评委的打分
scores = []

for i in range(n):
    #这个 while 循环用来保证用户必须输入 0~100 的数字
    while True:
        try:
            score = input('请输入第{0}个评委的分数:'.format(i+1))
            #把字符串转换为实数
            score = float(score)
            #用来保证输入的数字在 0~100,assert 要求表达式必须成立
            assert 0 <= score <= 100
            scores.append(score)
            #如果数据合法,跳出 while 循环,继续输入下一个评委的得分
            break
        except:
            print('分数错误')

#计算并删除最高分与最低分
highest = max(scores)
lowest = min(scores)
scores.remove(highest)
scores.remove(lowest)
#计算平均分,保留 2 位小数
finalScore = round(sum(scores)/len(scores), 2)

formatter = '去掉一个最高分{0}\n去掉一个最低分{1}\n最后得分{2}'
print(formatter.format(highest, lowest, finalScore))
```

扫二维码查看源代码：

运行结果：

请输入评委人数:4
请输入第 1 个评委的分数:100
请输入第 2 个评委的分数:90
请输入第 3 个评委的分数:95
请输入第 4 个评委的分数:93
去掉一个最高分 100.0
去掉一个最低分 90.0
最后得分 94.0

5.2　元组

5.2.1　元组创建与元素访问

列表的功能虽然很强大，但内部实现太复杂了，在很大程度上影响了程序运行效率。有时候人们并不需要那么多功能，很希望能有个轻量级的列表，元组正是这样一种类型。从形式上，元组的所有元素放在一对圆括号中，元素之间使用逗号分隔，如果元组中只有一个元素则必须在最后增加一个逗号。

```
>>>x = (1, 2, 3)              #直接把元组赋值给一个变量
>>>type(x)                    #使用 type()函数查看变量类型
<class 'tuple'>
>>>x[0]                       #元组支持使用下标访问特定位置的元素
1
>>>x[-1]                      #最后一个元素
3
>>>x[1] = 4                   #元组是不可变的,引发异常
TypeError: 'tuple' object does not support item assignment
>>>x = (3)                    #这和 x = 3 是一样的
```

```
>>> x
3
>>> x = (3,)                        #如果元组中只有一个元素,必须在后面多写一个逗号
>>> x
(3,)
>>> x = ()                          #空元组
>>> x = tuple()                     #定义空元组的另一种形式
>>> tuple(range(5))                 #将 range 对象转换为元组
(0, 1, 2, 3, 4)
>>> tuple('hello world')            #把字符串转换为元组
('h', 'e', 'l', 'l', 'o', ' ', 'w', 'o', 'r', 'l', 'd')
>>> tuple([1, 2, 3, 4, 5])          #把列表转换为元组
(1, 2, 3, 4, 5)
>>> tuple(map(str, range(5)))       #把 map 对象转换为元组
('0', '1', '2', '3', '4')
>>> tuple(filter(None, [-1, 0, 1, 2]))    #把 filter 对象转换为元组
(-1, 1, 2)
```

扩展知识:除了上面的方法可以直接创建元组之外,很多内置函数的返回值也是包含了若干元组的可迭代对象,例如 enumerate()、zip()等。

```
>>> list(enumerate(range(5)))
[(0, 0), (1, 1), (2, 2), (3, 3), (4, 4)]
>>> list(zip(range(3), 'abcdefg'))
[(0, 'a'), (1, 'b'), (2, 'c')]
```

5.2.2 元组与列表的异同点

列表和元组都属于有序序列,支持使用双向索引访问其中的元素、使用内置函数 len()统计元素个数、使用运算符 in 测试是否包含某个元素、使用 count()方法统计指定元素的出现次数和 index()方法获取指定元素的索引。虽然它们有一定的相似之处,但列表和元组在本质上和内部实现上都有很大的不同。

元组属于不可变序列,一旦创建,不允许修改元组中元素的值,也无法为元组增加

或删除元素。因此,元组没有提供 append()、extend() 和 insert() 等方法,无法向元组中添加元素;同样,元组也没有 remove() 和 pop() 方法,也不支持对元组元素进行 del 操作,不能从元组中删除元素。元组支持切片操作,但是只能通过切片来访问元组中的元素,不允许使用切片来修改元组中元素的值,也不支持使用切片操作来为元组增加或删除元素。从一定程度上讲,可以认为元组是轻量级的列表,或者"常量列表"。

Python 的内部实现对元组做了大量优化,访问速度比列表略快,占用内存也少一些。如果定义了一系列常量值,主要用途仅是对它们进行遍历或其他类似用途,而不需要对其元素进行任何修改,那么建议使用元组而不用列表。元组在内部实现上不允许修改其元素值,从而使得代码更加安全,例如,调用函数时使用元组传递参数可以防止在函数中修改元组,而使用列表则很难做到这一点。

最后,作为不可变序列,与整数、字符串一样,元组可用作字典的键,也可以作为集合的元素,而列表则永远都不能当作字典的键使用,也不能作为集合中的元素,因为列表是可变的,或者说不可哈希。

拓展知识:Python 内置函数 hash() 可以用来测试一个对象是否可哈希。一般来说,并不需要关心该函数的返回值具体是什么,重点是对象是否可哈希,如果对象不可哈希该函数会抛出异常。另外,在 Python 中,可哈希和不可变表达的是同一个意思。

```
>>>hash((1,))
3430019387558
>>>hash(3)
3
>>>hash([1, 2])
TypeError: unhashable type: 'list'
>>>hash('hello world.')
-4012655148192931880
```

5.3 字典

字典是包含若干"键:值"元素的无序可变序列,字典中的每个元素包含用冒号分隔开的"键"和"值"两部分,表示一种映射或对应关系,也称为关联数组。定义字典时,每个元素的"键"和"值"之间用冒号分隔,不同元素之间用逗号分隔,所有的元素放在一对花括号中。

字典中每个元素的"键"可以是 Python 中任意不可变数据,例如整数、实数、复数、字符串、元组等类型等可哈希数据,但不能使用列表、集合、字典或其他可变类型作为字典的"键"。另外,字典中的"键"不允许重复,但"值"是可以重复的。最后,字典在内部维护的哈希表使得检索操作非常快,并且使用内置字典 dict 时则不用太关心元素的先后顺序。值得一提的是,在 Python 3.6 中又对内置类型 dict 进行了优化,比 Python 3.5.x 能节约 20%~25% 的内存空间。

5.3.1 字典创建与删除

使用赋值运算符"="将一个字典赋值给一个变量即可创建一个字典变量。

```
>>> seasons = {'春':0,'夏':1,'秋':2,'冬':3}
```

也可以使用内置类 dict 以不同形式创建字典。

```
>>> x = dict()                                      #空字典
>>> type(x)                                         #查看对象类型
<class 'dict'>
>>> x = {}                                          #空字典
>>> keys = ['a','b','c','d']
>>> values = [1, 2, 3, 4]
>>> dictionary = dict(zip(keys,values))             #根据已有数据创建字典
>>> d = dict(name='Dong', age=39)                   #以关键参数的形式创建字典
>>> aDict = dict.fromkeys(['name','age','sex'])     #以给定内容为"键"
                                                    #创建"值"为空的字典
```

与其他类型的对象一样,当不再需要时,可以直接用 del 删除字典,不再赘述。

5.3.2 字典元素的访问

字典中的每个元素表示一种映射关系或对应关系,根据提供的"键"作为下标就可以访问对应的"值",如果字典中不存在这个"键"则会抛出异常。例如:

```
>>>aDict = {'age': 39, 'score': [98, 97], 'name': 'Dong', 'sex': 'male'}
>>>aDict['age']                         #指定的"键"存在,返回对应的"值"
39
>>>aDict['address']                     #指定的"键"不存在,抛出异常
KeyError: 'address'
```

为了避免程序运行时引发异常而导致崩溃,在使用下标的方式访问字典元素时,最好配合条件判断。例如:

```
>>>aDict = {'age': 39, 'score': [98, 97], 'name': 'Dong', 'sex': 'male'}
>>>if 'Age' in aDict:                   #首先判断字典中是否存在指定的"键"
    print(aDict['Age'])
else:
    print('Not Exists.')
```

Not Exists.

字典对象提供了一个 get()方法用来返回指定"键"对应的"值",并且允许指定该键不存在时返回特定的"值",这也是 Python 社区推荐的用法。例如:

```
>>>aDict.get('age')                     #如果字典中存在该"键",则返回对应的"值"
39
>>>aDict.get('address', 'Not Exists.')  #指定的"键"不存在时,返回指定的默认值
'Not Exists.'
```

最后,也可以对字典对象进行迭代或者遍历,这时默认是遍历字典的"键",如果需要遍历字典的元素必须使用字典对象的 items()方法明确说明,如果需要遍历字典的"值"则必须使用字典对象的 values()方法明确说明。当使用 len()、max()、min()、 sum()、sorted()、enumerate()、map()、filter()等内置函数以及成员测试运算符 in 对字典对象进行操作时,也遵循同样的约定。

```
>>> aDict = {'age': 39, 'score': [98, 97], 'name': 'Dong', 'sex': 'male'}
>>> for item in aDict:                #默认遍历字典的"键"
    print(item)

age
score
Name
sex
>>> for item in aDict.items():        #明确指定遍历字典的元素
    print(item)

('age', 39)
('score', [98, 97])
('name', 'Dong')
('sex', 'male')
>>> aDict.items()
dict_items([('age', 37), ('score', [98, 97]), ('name', 'Dong'), ('sex', 'male')])
>>> aDict.keys()
dict_keys(['age', 'score', 'name', 'sex'])
>>> aDict.values()
dict_values([37, [98, 97], 'Dong', 'male'])
```

5.3.3 元素添加、修改与删除

当以指定"键"作为下标为字典元素赋值时,有两种含义:
①若该"键"存在,则表示修改该"键"对应的值;②若该"键"不存在,则表示添加一个新的"键:值",也就是添加一个新元素。

5.3.3

```
>>> aDict = {'age': 35, 'name': 'Dong', 'sex': 'male'}
>>> aDict['age'] = 39                 #修改元素值
>>> aDict
{'age': 39, 'name': 'Dong', 'sex': 'male'}
```

```
>>>aDict['address'] = 'SDIBT'              #添加新元素
>>>aDict
{'age': 39, 'name': 'Dong', 'sex': 'male', 'address': 'SDIBT'}
```

使用字典对象的update()方法可以将另一个字典的"键：值"一次性全部添加到当前字典对象,如果两个字典中存在相同的"键",则以另一个字典中的"值"为准对当前字典进行更新。

```
>>>aDict = {'age': 37, 'score': [98, 97], 'name': 'Dong', 'sex': 'male'}
>>>aDict.update({'a':97, 'age':39})        #修改'age'键的值,同时添加新元素'a':97
>>>aDict
{'age': 39, 'score': [98, 97], 'name': 'Dong', 'sex': 'male', 'a': 97}
```

可以使用字典对象的pop()和popitem()方法弹出并删除指定的元素,例如:

```
>>>aDict = {'age': 37, 'score': [98, 97], 'name': 'Dong', 'sex': 'male'}
>>>aDict.popitem()                         #弹出一个元素,对空字典会抛出异常
('sex', 'male')
>>>aDict.pop('age')                        #弹出指定键对应的元素
37
>>>aDict
{'score': [98, 97], 'name': 'Dong'}
```

5.3.4 精彩例题分析与解答

例 5-5 首先生成包含 1000 个随机字符的字符串,然后统计每个字符的出现次数。

解析:本例重点是字典对象的 get() 方法,该方法用来尝试返回字典中指定"键"对应的"值",如果字典中不存在指定的"键"则返回特定的"值"。本例也可以使用 2.4.5 节介绍的内容快速实现,请自行查阅。

例 5-5

```
import string
import random
```

```
x = string.ascii_letters + string.digits
#生成1000个随机字符
z = ''.join(random.choices(x, k=1000))
d = dict()
#遍历字符串,统计频次
for ch in z:
    d[ch] = d.get(ch, 0) + 1
#查看统计结果,按字母顺序排序
for k, v in sorted(d.items()):
    print(k, ':', v)
```

扫二维码查看源代码:

运行结果（略）：因为字符串是随机产生的，所以每次运行结果并不完全相同，可以自行验证。

5.4 集合

　　集合属于Python无序可变序列，使用一对花括号作为定界符，元素之间使用逗号分隔，同一个集合内的每个元素都是唯一的，元素之间不允许重复。
　　集合中只能包含数字、字符串、元组等不可变类型（或者说可哈希）的数据，不能包含列表、字典、集合等可变类型的数据。

　　注意：如果元组中包含列表、字典、集合或其他可变类型的数据，这样的元组不能作为集合的元素，也不能作为字典的"键"。

5.4.1 集合对象创建与删除

直接将集合赋值给变量即可创建一个集合对象。

```
>>> a = {3, 5}                              #创建集合对象
>>> type(a)                                 #查看对象类型
<class 'set'>
```

也可以使用工厂函数 set() 将列表、元组、字符串、range 对象等其他可迭代对象转换为集合,如果原来的数据中存在重复元素,则在转换为集合时只保留一个;如果原序列或迭代对象中有不可哈希的值,无法转换成为集合,则抛出异常。

```
>>> a_set = set(range(8, 14))               #把 range 对象转换为集合
>>> a_set
{8, 9, 10, 11, 12, 13}
>>> b_set = set([0, 1, 2, 3, 0, 1, 2, 3, 7, 8])    #转换时自动去掉重复元素
>>> b_set
{0, 1, 2, 3, 7, 8}
>>> x = set()                               #空集合,注意不能用 x ={}创建空集合
>>> type(x)
<class 'set'>
>>> set('hello world')                      #元素顺序不重要,不用在意
{'l', 'r', 'w', ' ', 'h', 'e', 'o', 'd'}
>>> set((1, 2, 3, 3, 4))                    #把元组转换为集合
{1, 2, 3, 4}
>>> set(map(str, range(5)))                 #把 map 对象转换为集合
{'2', '0', '4', '1', '3'}
>>> set(filter(None, (0, 0, 1, 2, 3)))      #把 filter 对象转换为集合
{1, 2, 3}
>>> set(reversed([1, 2, 3, 4, 5]))          #把 reversed 对象转换为集合
{1, 2, 3, 4, 5}
```

当不再使用某个集合时,可以使用 del 命令删除整个集合。

小提示:在 Python 中,类似于 list()、tuple()、dict()、set()、int()、str()这

样的函数(实际是类,见第 7 章)可以创建新的数据类型,往往称为工厂函数。

> **注意**:在 Python 中,字典和集合都使用花括号作为定界符,但一对空的花括号默认是字典,而不是集合。创建空集合时,应使用 set()。

```
>>> x = {}                      #注意,这是空字典
>>> type(x)
<class 'dict'>
>>> x = set()                   #必须这样创建空集合
>>> type(x)
<class 'set'>
```

5.4.2 集合操作与运算

1. 集合元素增加与删除

使用集合对象的 add() 方法可以增加新元素,如果该元素已存在则忽略该操作,不会抛出异常;update() 方法用于合并另外一个集合中的元素到当前集合中,并自动去除重复元素。例如:

```
>>> s = {1, 2, 3}
>>> s.add(3)                    #添加元素,重复元素自动忽略
>>> s
{1, 2, 3}
>>> s.update({3, 4})            #更新当前集合,自动忽略重复的元素
>>> s
{1, 2, 3, 4}
```

集合对象的 pop() 方法用于随机删除并返回集合中的一个元素,如果集合为空则抛出异常;remove() 方法用于删除集合中的元素,如果指定元素不存在则抛出异常;discard() 方法用于从集合中删除一个特定元素,如果元素不在集合中则忽略该操作;clear() 方法清空集合,删除所有元素。例如:

```
>>> s.discard(5)                    #删除元素,不存在则忽略该操作
>>> s
{1, 2, 3, 4}
>>> s.remove(5)                     #删除元素,不存在就抛出异常
KeyError: 5
>>> s.pop()                         #删除并返回一个元素
1
```

2. 集合运算

内置函数 len()、max()、min()、sum()、sorted()、map()、filter()、enumerate()等也适用于集合。另外,Python 集合还支持数学意义上的交集、并集、差集等运算。例如:

```
>>> a_set = set([8, 9, 10, 11, 12, 13])
>>> b_set = {0, 1, 2, 3, 7, 8}
>>> a_set | b_set                   #并集
{0, 1, 2, 3, 7, 8, 9, 10, 11, 12, 13}
>>> a_set & b_set                   #交集
{8}
>>> a_set - b_set                   #差集
{9, 10, 11, 12, 13}
>>> a_set ^ b_set                   #对称差集
{0, 1, 2, 3, 7, 9, 10, 11, 12, 13}
>>> x = {1, 2, 3}
>>> y = {1, 2, 5}
>>> z = {1, 2, 3, 4}
>>> x < y                           #比较集合大小/包含关系
False
>>> x < z                           #真子集
True
>>> y < z
False
>>> {1, 2, 3} <= {1, 2, 3}          #子集
True
```

> 注意:关系运算符>、>=、<、<=作用于集合时表示集合之间的包含关系,不是集合中元素的大小关系。对于两个集合 A 和 B,如果 A<B 不成立,不代表 A>=B 就一定成立。

5.4.3 精彩例题分析与解答

例 5-6 快速判断两个列表中是否含有同样的唯一元素。

解析:这里重点在于 set() 函数把列表转换为集合时会自动去除重复元素。

```
def check(lst1, lst2):
    return set(lst1) == set(lst2)

print(check([1, 2, 3], [1, 2, 3]))
```

例 5-6 和例 5-7

扫二维码查看源代码:

运行结果:

True

例 5-7 在指定的整数范围内生成指定数量的不重复数字。

解析:这里重点在于集合对象 add() 方法的使用,如果集合中已经包含待添加的元素,该操作会自动被忽略。

```
import random

def randomNumbers(number, start, end):
    '''使用集合来生成 number 个介于 start 和 end 之间的不重复随机数'''
```

```
        data = set()
        while len(data) < number:
            element = random.randint(start, end)
            data.add(element)
        return data
    print(randomNumbers(5, 1, 10))
```

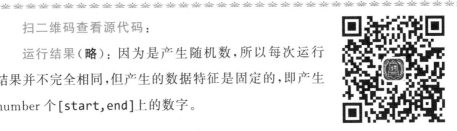

扫二维码查看源代码:

运行结果(**略**):因为是产生随机数,所以每次运行结果并不完全相同,但产生的数据特征是固定的,即产生number个[start,end]上的数字。

5.5　字符串

在Python中,字符串属于不可变有序序列,使用单引号(这是最常用的,主要是因为敲键盘方便)、双引号、三单引号或三双引号作为定界符,并且不同的定界符之间可以互相嵌套。下面几种都是合法的Python字符串:

'abc'、'123'、'中国'、"Python"、'''Tom said,"Let's go"'''

除了支持有序序列通用操作(包括双向索引、比较大小、计算长度、元素访问、切片、成员测试等操作)以外,字符串类型还支持一些特有的操作方法,例如字符串格式化、查找、替换和排版等。但由于字符串属于不可变序列,不能直接对字符串对象进行元素增加、修改与删除等操作,切片操作也只能访问其中的元素而无法修改字符串中的字符。另外,字符串对象提供的 replace()、translate()方法和大量排版方法也不是对原字符串直接进行修改替换,而是返回一个新字符串作为结果。

5.5.1 字符串编码格式简介

最早的字符串编码是美国标准信息交换码 ASCII,仅对 10 个数字、26 个大写英文字母、26 个小写英文字母及一些其他符号进行编码。ASCII 码采用 1 字节来对字符进行编码,最多只能表示 256 个符号。

随着信息技术的发展和信息交换的需要,各国的文字都需要进行编码后再通过网络传输,不同的应用领域和场合对字符串编码的要求也略有不同,于是又分别设计了多种不同的编码格式,常见的主要有 UTF-8、UTF-16、UTF-32、GB2312、GBK、CP936、BASE64、CP437 等。UTF-8 对全世界所有国家需要用到的字符进行了编码,以 1 字节表示英语字符(兼容 ASCII),以 3 字节表示常见汉字,还有些语言的符号使用 2 字节(例如俄语和希腊语符号)或 4 字节。GB2312 是我国制定的中文编码,使用 1 字节表示英语,2 字节表示中文;GBK 是 GB2312 的扩充,而 CP936 是微软公司在 GBK 基础上开发的编码方式。GB2312、GBK 和 CP936 都是使用 2 字节表示中文,互相兼容。

不同编码格式之间相差很大,采用不同的编码格式意味着不同的表示和存储形式,把同一字符存入文件时,写入的内容可能会不同,在理解其内容时必须了解编码规则并进行正确的解码,如果解码方法不正确就无法还原信息。从这个角度来讲,字符串编码也具有加密的效果。实际上,信息加密和解密的本质也是编码和解码。

Python 3.x 完全支持中文字符,默认使用 UTF-8 编码格式,无论是一个数字、英文字母,还是一个汉字,都按一个字符对待和处理。在 Python 3.x 中可以使用中文作为变量名、函数名等标识符。

```
>>> import sys
>>> sys.getdefaultencoding()           #查看默认编码格式
'utf-8'
>>> s = '中国山东烟台'
>>> len(s)                              #字符串长度,或者包含的字符个数
6
```

```
>>> s = '中国山东烟台 ABCDE'        #中文与英文字符同样对待,都算一个字符
>>> len(s)
11
>>> 姓名 = '张三'                   #使用中文作为变量名
>>> print(姓名)                     #输出变量的值
张三
```

5.5.2 转义字符

转义字符是指,在字符串中某些特定的符号前加一个斜线之后,该字符将被解释为另外一种含义,不再表示本来的字符。Python 中常用的转义字符如表 5-2 所示。

下面的代码演示了转义字符的用法:

```
>>> print('Hello\nWorld')           #包含转义字符的字符串
Hello
World
>>> print('\101')                   #3 位八进制数对应的字符
A
>>> print('\x41')                   #2 位十六进制数对应的字符
A
>>> print('我是\u8463\u4ed8\u56fd') #4 位十六进制数表示的 Unicode 字符
我是董付国
```

表 5-2 Python 中常用的转义字符

转义字符	含 义
\b	退格,把光标移动到前一列位置
\f	换页符
\n	换行符
\r	回车
\t	水平制表符
\v	垂直制表符
\\	一个斜线 \

续表

转义字符	含　　义
\'	单引号
\"	双引号
\ooo	3位八进制数对应的字符
\xhh	2位十六进制数对应的字符
\uhhhh	4位十六进制数表示的Unicode字符

🍁 小提示：为了避免对字符串中的转义字符进行转义，可以使用原始字符串，在字符串前面加上字母r或R表示原始字符串，其中的所有字符都表示原始的含义而不会进行任何转义。

```
>>> path = 'C:\Windows\notepad.exe'
>>> print(path)                          #字符\n被转义为换行符
C:\Windows
otepad.exe
>>> path = r'C:\Windows\notepad.exe'     #原始字符串,任何字符都不转义
>>> print(path)
C:\Windows\notepad.exe
```

5.5.3　字符串格式化

目前Python社区推荐使用字符串的format()方法进行格式化，该方法非常灵活，不仅可以使用位置进行格式化，还支持使用关键参数进行格式化，更妙的是支持序列解包格式化字符串，为程序员提供了非常大的方便。

在字符串格式化方法format()中可以使用的格式主要有b(二进制格式)、c(把整数转换成Unicode字符)、d(十进制格式)、o(八进制格式)、x(小写十六进制格式)、X(大写十六进制格式)、e/E(科学记数法格式)、f/F(固定长度的浮点数格式)、%(使用固定长度浮点数显示百分数)。Python 3.6.x开

字符串格式化1

始支持在数字常量的中间位置使用单个下画线作为分隔符来提高数字的可读性,相应地,字符串格式化方法 format() 也提供了对下画线的支持。下面的代码演示了其中的部分用法:

```
>>> 1/3
0.3333333333333333
>>> print('{0:.3f}'.format(1/3))          #保留 3 位小数
0.333
>>> '{0:%}'.format(3.5)                   #格式化为百分数
'350.000000%'
>>> '{0:_},{0:_x}'.format(1000000)        #Python 3.6.0 及更高版本支持
'1_000_000,f_4240'
>>> '{0:_},{0:_x}'.format(10000000)       #Python 3.6.0 及更高版本支持
'10_000_000,98_9680'
>>> print("The number {0:,} in hex is: {0:#x}, in oct is {0:#o}".format(55))
The number 55 in hex is: 0x37, in oct 1s 0o67
>>> print("The number {0:,} in hex is: {0:x}, the number {1} in oct is {1:o}".format
(5555, 55))
The number 5,555 in hex is: 15b3, the number 55 in oct is 67
>>> print("The number {1} in hex is: {1:#x}, the number {0} in oct is {0:#o}".format
(5555, 55))
The number 55 in hex is: 0x37, the number 5555 in oct is 0o12663
>>> print("my name is {name}, my age is {age}, and my QQ is {qq}".format(name=
"Dong", qq="306467355", age=38))
my name is Dong, my age is 38, and my QQ is 306467355
>>> position = (5, 8, 13)
>>> print("X:{0[0]};Y:{0[1]};Z:{0[2]}".format(position))
                                          #使用元组同时格式化多个值
X:5;Y:8;Z:13
>>> weather = [("Monday", "rainy"), ("Tuesday", "sunny"), ("Wednesday", "sunny"),
               ("Thursday", "rainy"),("Friday", "Cloudy")]
>>> formatter = "Weather of'{0[0]}' is '{0[1]}'".format
>>> for item in map(formatter,weather):
       print(item)
```

上面最后一段代码也可以改为下面的写法:

```
>>> for item in weather:
        print(formatter(item))
```

运行结果如下:

```
Weather of 'Monday' is 'rainy'
Weather of 'Tuesday' is 'sunny'
Weather of 'Wednesday' is 'sunny'
Weather of 'Thursday' is 'rainy'
Weather of 'Friday' is 'Cloudy'
```

字符串格式化 2

从 Python 3.6.0 开始支持一种新的字符串格式化方式,官方称为 Formatted String Literals,其含义与字符串对象的 `format()` 方法类似,但形式更加简洁。

```
>>> name = 'Dong'
>>> age = 39
>>> f'My name is {name}, and I am {age} years old.'
'My name is Dong,and I am 39 years old.'
>>> width = 10
>>> precision = 4
>>> value = 11/3
>>> f'result:{value:{width}.{precision}}'
'result:     3.667'
>>> age = 36
>>> f'{age+4}'                        #花括号中可以有表达式
'40'
>>> text = 'Beautiful is better than ugly.'
>>> print(f'{len(text)}')             #花括号中可以有函数调用
30
>>> print(f'{len(text)=}')            #注意,这个语法只有 Python 3.8 以上的版本才支持
len(text)=30
```

5.5.4 字符串常量

Python 标准库 string 提供了英文字母大小写、数字字符、标点符号等常量,可以直接使用。下面的代码实现了随机密码生成功能。

```
>>> import string
>>> x = string.digits + string.ascii_letters + string.punctuation
                            #可能的字符集
>>> x
'0123456789abcdefghijklmnopqrstuvwxyzABCDEFGHIJKLMNOPQRSTUVWXYZ!"#$%&\'()*+,-./:;<=>?@[\\]^_`{|}~ '
>>> import random
>>> def generateStrongPwd(k):        #生成指定长度的随机密码字符串
    return ''.join((random.choice(x) for i in range(k)))
>>> generateStrongPwd(8)             #8位随机密码
'@< JnOR$i'
>>> generateStrongPwd(8)
'o.u:E+1v'
>>> generateStrongPwd(15)            #15位随机密码
'^0|O*7Gwi.u..e/'
```

5.5.5 字符串对象的常用方法

1. find()、rfind()、index()、rindex()、count()

字符串 find() 和 rfind() 方法分别用来查找另一个字符串在当前字符串指定范围（默认是整个字符串）中首次和最后一次出现的位置，如果不存在则返回-1；index() 和 rindex() 方法用来返回一个字符串在当前字符串指定范围中首次和最后一次出现的位置，如果不存在则抛出异常；count() 方法用来返回一个字符串在当前字符串中出现的次数，如果不存在则返回 0。

```
>>> s = "apple,peach,banana,peach,pear"
>>> s.find("peach")                  #返回第一次出现的位置
6
>>> s.find("peach", 7)               #从下标为 7 的位置开始查找
19
>>> s.find("peach", 7, 20)           #在下标从 7 到 20 的范围中进行查找
-1
>>> s.rfind('p')                     #从字符串尾部向前查找
```

```
25
>>> s.index('p')                    #返回首次出现的位置
1
>>> s.index('pe')
6
>>> s.index('pear')
25
>>> s.index('ppp')                  #子字符串不存在时抛出异常
ValueError: substring not found
>>> s.count('p')                    #统计子字符串出现的次数
5
>>> s.count('ppp')                  #不存在时返回 0
0
```

2. split()、rsplit()

字符串对象的 split() 和 rsplit() 方法分别用来以指定字符为分隔符,从字符串左端和右端开始将其分隔成多个字符串,并返回包含分隔结果的列表。

```
>>> s = "apple,peach,banana,pear"
>>> li = s.split(",")               #使用逗号进行分隔
>>> li
["apple", "peach", "banana", "pear"]
>>> s = "2019-10-31"
>>> t = s.split("-")                #使用指定字符作为分隔符
>>> t
['2019', '10', '31']
>>> list(map(int,t))                #将分隔结果转换为整数
[2019, 10, 31]
```

对于 split() 和 rsplit() 方法,如果不指定分隔符,则字符串中的任何空白符号(包括空格、换行符和制表符等)的连续出现都将被认为是分隔符,返回包含最终分隔结果的列表。

```
>>> s = 'hello world \n\n My name is Dong     '
```

split()方法

```
>>>s.split()
['hello', 'world', 'My', 'name', 'is', 'Dong']
>>>s = '\n\nhello world \n\n\n My name is Dong     '
>>>s.split()
['hello', 'world', 'My', 'name', 'is', 'Dong']
>>>s = '\n\nhello\t\t world \n\n\n My name\t is Dong     '
>>>s.split()
['hello', 'world', 'My', 'name', 'is', 'Dong']
```

调用 split()方法如果不传递任何参数,将使用任何空白字符作为分隔符,并删除结果列表中的空字符串。但是,明确传递参数指定 split()使用的分隔符时,情况略有不同,不会删除切分结果中的空字符串。

```
>>> 'a,,,bb,,ccc'.split(',')      #每个逗号都被作为独立的分隔符
['a', '', '', 'bb', '', 'ccc']
>>>'a\t\t\tbb\t\tccc'.split('\t') #每个制表符都被作为独立的分隔符
['a', '', '', 'bb', '','ccc']
>>>'a\t\t\tbb\t\tccc'.split()     #连续多个制表符被作为一个分隔符
['a', 'bb', 'ccc']
```

3. join()

字符串的 join()方法用来将只包含字符串的列表或其他可迭代对象中所有字符串进行连接,并在相邻两个字符串之间插入指定字符串,返回新字符串。

join()方法

```
>>>li = ["apple", "peach", "banana", "pear"]
>>>sep = ","
>>>s = sep.join(li)              #使用逗号作为连接符
>>>s
"apple,peach,banana,pear"
>>>':'.join(li)                  #使用冒号作为连接符
'apple:peach:banana:pear'
>>>''.join(li)                   #使用空字符作为连接符
'applepeachbananapear'
```

使用split()和join()方法可以删除字符串中多余的空白字符,如果中间位置有连续多个空白字符,替换为一个空格,删除首尾所有空白字符。

```
>>> x = 'aaa      bb    c d e   fff    '
>>> ' '.join(x.split())           #使用空格作为连接符
'aaa bb c d e fff'
```

注意:当需要连接多个字符串时,使用join()方法比运算符+效率高很多,应优先考虑使用。

4. lower()、upper()、capitalize()、title()、swapcase()

这几个方法分别用来将字符串转换为小写字符串、大写字符串、将字符串首字母变为大写、将每个单词的首字母变为大写以及大小写互换,这几个方法都是生成新字符串,并不对原字符串做任何修改。

```
>>> s = "What is Your Name? "
>>> s.lower()                     #返回小写字符串
'what is your name? '
>>> s.upper()                     #返回大写字符串
'WHAT IS YOUR NAME? '
>>> s.capitalize()                #字符串首字符大写
'What is your name? '
>>> s.title()                     #每个单词的首字母大写
'What Is Your Name? '
>>> s.swapcase()                  #大小写互换
'wHAT IS yOUR nAME? '
```

5. replace()、maketrans()、translate()

字符串方法replace()用来替换字符串中指定字符或字符串的所有重复出现,每次只能替换一个字符或一个字符串,把指定的字符串参数作为一个整体对待,类似于

Word、WPS、记事本等文本编辑器的查找与替换功能。该方法并不修改原字符串,而是返回一个新字符串。

```
>>> s = "中国,中国"
>>> print(s.replace("中国", "中华人民共和国"))
中华人民共和国,中华人民共和国
>>> print('abcdabc'.replace('abc', 'ABC'))
ABCdABC
```

replace()、maketrans()
和 translate()方法

字符串对象的 maketrans()方法用来生成字符映射表,translate()方法用来根据映射表中定义的对应关系转换字符串并替换其中的字符,使用这两个方法的组合可以同时处理多个不同的字符,replace()方法无法满足这一要求。

```
#创建映射表,将字符'abcdef123'一一对应地转换为'uvwxyz@#$'
>>> table = ''.maketrans('abcdef123', 'uvwxyz@#$')
>>> s = 'Python is a great programming language. I like it! '
#按映射表进行替换
>>> s.translate(table)
'Python is u gryut progrumming lunguugy. I liky it!'
#实现阿拉伯数字到汉字数字的转换
>>> table = ''.maketrans('1234567890', '壹贰叁肆伍陆柒捌玖零')
>>> '2020 年 2 月 28 日'.translate(table)
'贰零贰零年贰月贰捌日'
```

6. strip()、rstrip()、lstrip()

这几个方法分别用来删除两端、右端或左端连续的空白字符或指定字符。

```
>>> s = ' abc   '
>>> s2 = s.strip()              #删除空白字符
>>> s2
'abc'
>>> '\n\nhello world   \n\n'.strip()    #删除空白字符
'hello world'
>>> 'aaaassddf'.strip('a')      #删除指定字符
'ssddf'
```

```
>>> 'aaaassddf'.strip('af')
'ssdd'
>>> 'aaaassddfaaa'.rstrip('a')          #删除字符串右端指定字符
'aaaassddf'
>>> 'aaaassddfaaa'.lstrip('a')          #删除字符串左端指定字符
'ssddfaaa'
```

这3个函数的参数指定的字符串并不作为一个整体对待,而是在原字符串的两侧、右侧、左侧删除参数字符串中包含的所有字符,一层一层地从外往里扒。

```
>>> 'aabbccddeeeffg'.strip('af')        #字母f不在字符串两侧,所以不删除
'bbccddeeeffg'
>>> 'aabbccddeeeffg'.strip('gaf')
'bbccddeee'
>>> 'aabbccddeeeffg'.strip('gaef')
'bbccdd'
>>> 'aabbccddeeeffg'.strip('gbaef')
'ccdd'
>>> 'aabbccddeeeffg'.strip('gbaefcd')
''
```

7. startswith()、endswith()

这两个方法用来判断字符串是否以指定字符串开始或结束。

```
>>> s = 'Beautiful is better than ugly.'
>>> s.startswith('Be')
True
```

另外,这两个方法还可以接收一个字符串元组作为参数来表示前缀或后缀,例如,下面的代码使用列表推导式列出指定文件夹下所有扩展名为bmp、jpg或gif的图片,关于列表推导式的内容参考5.6.1节。

```
>>> import os
>>> [filename for filename in os.listdir(r'D:\\')
    if filename.endswith(('.bmp','.jpg','.gif'))]
```

8. isalnum()、isalpha()、isdigit()、isdecimal()、isnumeric()、isspace()、isupper()、islower()

用来测试字符串是否为数字或字母、是否为字母、是否为数字字符、是否为空白字符、是否为大写字母以及是否为小写字母。

```
>>> '1234abcd'.isalnum()
True
>>> '1234abcd'.isalpha()                #全部为英文字母时返回 True
False
>>> '1234abcd'.isdigit()                #全部为数字时返回 True
False
>>> 'abcd'.isalpha()
True
>>> '1234.0'.isdigit()
False
>>> '1234'.isdigit()
True
>>> '九'.isnumeric()                    #isnumeric()方法支持汉字数字
True
>>> '九'.isdigit()
False
>>> '九'.isdecimal()
False
>>> 'Ⅳ Ⅲ Ⅹ '.isdecimal()
False
>>> 'Ⅳ Ⅲ Ⅹ '.isdigit()
False
>>> 'Ⅳ Ⅲ Ⅹ '.isnumeric()                #支持罗马数字
True
```

9. center()、ljust()、rjust()

这几个方法用于对字符串进行排版,其中 center()、ljust()、rjust()返回指定宽度的新字符串,原字符串居中、左对齐或右对齐出现在新字符串中,如果指定的宽度大于字符串长度,则使用指定的字符(默认是空格)进行填充。zfill()返回指定宽度的新字符串,在左侧以字符0进行填充。

```
>>> 'Hello world! '.center(20)              #居中对齐,以空格进行填充
'    Hello world!    '
>>> 'Hello world! '.center(20, '=')         #居中对齐,以字符=进行填充
'===Hello world! ==='
>>> 'Hello world! '.ljust(20, '=')          #左对齐
'Hello world! ======='
>>> 'Hello world! '.rjust(20, '=')          #右对齐
'=======Hello world! '
```

10. encode()

在 Python 中,str 类型字符串的 encode()方法可以使用 UTF-8、GBK 等编码格式把字符串编码为字节串,字节串的 decode()方法可以使用正确的编码格式将其还原为 str 类型的字符串。

```
>>> text = '《中学生可以这样学 Pyhon(微课版)》,董付国、应根球,清华大学出版社'
>>> text.encode('utf8')                     #使用 UTF-8 编码格式编码为字节串
b'\xe3\x80\x8a\xe4\xb8\xad\xe5\xad\xa6\xe7\x94\x9f\xe5\x8f\xaf\xe4\xbb\xa5\xe8\xbf\x99\xe6\xa0\xb7\xe5\xad\xa6Pyhon\xef\xbc\x88\xe5\xbe\xae\xe8\xaf\xbe\xe7\x89\x88\xef\xbc\x89\xe3\x80\x8b\xef\xbc\x8c\xe8\x91\xa3\xe4\xbb\x98\xe5\x9b\xbd\xe3\x80\x81\xe5\xba\x94\xe6\xa0\xb9\xe7\x90\x83\xef\xbc\x8c\xe6\xb8\x85\xe5\x8d\x8e\xe5\xa4\xa7\xe5\xad\xa6\xe5\x87\xba\xe7\x89\x88\xe7\xa4\xbe'
>>> text.encode('gbk')                      #使用 GBK 编码格式编码为字节串
b'\xa1\xb6\xd6\xd0\xd1\xa7\xc9\xfa\xbf\xc9\xd2\xd4\xd5\xe2\xd1\xf9\xd1\xa7Pyhon\xa3\xa8\xce\xa2\xbf\xce\xb0\xe6\xa3\xa9\xa1\xb7\xa3\xac\xb6\xad\xb8\xb6\xb9\xfa\xa1\xa2\xd3\xa6\xb8\xf9\xc7\xf2\xa3\xac\xc7\xe5\xbb\xaa\xb4\xf3\xd1\xa7\xb3\xf6\xb0\xe6\xc9\xe7'
>>> text.encode('gbk').decode('gbk')        #编码后再解码
'《中学生可以这样学 Pyhon(微课版)》,董付国、应根球,清华大学出版社'
>>> text.encode('gbk').decode('utf8')       #编码格式和解码格式必须一致
Traceback (most recent call last):
  File "<pyshell#90>", line 1, in <module>
```

```
text.encode('gbk').decode('utf8')
UnicodeDecodeError: 'utf-8' codec can't decode byte 0xa1 in position 0: invalid start byte
>>> text.encode('utf8').decode('utf8')
'《中学生可以这样学 Pyhon(微课版)》,董付国、应根球,清华大学出版社'
```

5.5.6 精彩例题分析与解答

例 5-8 字符串移位加密——凯撒加密算法。

解析：本例重点是字符串对象的 maketrans()和 translate()的用法,首先使用 maketrans()创建映射表,然后使用 translate()进行查表并替换,实现加密功能。

```
import string

def kaisa(s, k):
    lower = string.ascii_lowercase      #小写字母
    upper = string.ascii_uppercase      #大写字母
    before = string.ascii_letters
    after = lower[k:] + lower[:k] + upper[k:] + upper[:k]
    table = ''.maketrans(before, after)  #创建映射表
    return s.translate(table)

s = "Python is a great programming language. I like it!"
print(kaisa(s, 3))
s = 'If the implementation is easy to explain, it may be a good idea.'
print(kaisa(s, 3))
```

例 5-8

扫二维码查看源代码：

运行结果：

Sbwkrq lv d juhdw surjudpplqj odqjxdjh. L olnh lw!
Li wkh lpsohphqwdwlrq lv hdvb wr hasodlq, lw pdb eh d jrrg lghd.

例 5-9　编写程序,使用维吉尼亚密码算法对字符串加密。

解析:维吉尼亚密码算法使用一个密钥和一个表来实现加密,根据明文和密钥的对应关系进行查表来决定加密结果。假设替换表如图 5-3 所示,最上面一行表示明文,最左边一列表示密钥,那么二维表格中与明文字母和密钥字母对应的字母就是加密结果。例如,单词 PYTHON 使用 ABCDEF 做密钥的加密结果为 PZVKSS。

例 5-9

图 5-3　维吉尼亚密码替换表

```
from string import ascii_uppercase as uppercase
from itertools import cycle

#创建密码表
table = dict()
for ch in uppercase:
    index = uppercase.index(ch)
    table[ch] = uppercase[index:]+uppercase[:index]

#创建解密密码表
deTable = {'A':'A'}
start = 'Z'
```

```python
for ch in uppercase[1:]:
    index = uppercase.index(ch)
    deTable[ch] = chr(ord(start)+1-index)

#解密密钥
def deKey(key):
    return ''.join([deTable[i] for i in key])

#加密/解密
def encrypt(plainText, key):
    result = []
    #创建 cycle 对象,支持密钥字母的循环使用
    currentKey = cycle(key)
    for ch in plainText:
        if 'A' <= ch <= 'Z':
            index = uppercase.index(ch)
            #获取密钥字母
            ck = next(currentKey)
            result.append(table[ck][index])
        else:
            result.append(ch)
    return ''.join(result)

key = 'DONGFUGUO'
p = 'Python 3.5.3 Python 2.7.13 Python 3.6.0'
c = encrypt(p, key)
print(p)
print(c)
print(encrypt(c, deKey(key)))
```

扫二维码查看源代码：

运行结果：

Python 3.5.3 Python 2.7.13 Python 3.6.0
Sython 3.5.3 Dython 2.7.13 Cython 3.6.0
Python 3.5.3 Python 2.7.13 Python 3.6.0

例 5-10　使用字符串编码方法和字节串的解码方法实现信息加密和解密。

解析：字符串的 encode()方法可以将其编码为字节串,在生成的字节串中插入干扰字节后无法正常解码,要想还原信息,必须清楚干扰字节的位置并删除后再使用 decode()解码。关于函数的内容参考第 6 章。

```
def encrypt(message, k=3):
    #使用 UTF-8 编码为字节串
    m = message.encode()
    result = []
    #切分,k 字节一组
    for i in range(0, len(m), k):
        result.append(m[i:i+k])
    #在每组中间插入干扰字节
    return b'\xf5'.join(result)
```

例 5-10

```
def decrypt(message, k=3):
    #把二进制串转换为数字列表
    m = list(message)
    #删除干扰字节
    del m[k::k+1]
    #转换为字节串并解码返回
    return bytes(m).decode()

p = '中文测试。This is a test. 12345'
c = encrypt(p, 5)
print(decrypt(c, 5))
```

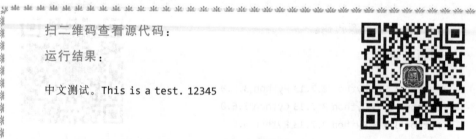

扫二维码查看源代码：

运行结果：

中文测试。This is a test. 12345

5.6 推导式

5.6.1 列表推导式

列表推导式(list comprehension)也称为列表解析式,可以使用非常简洁的方式对列表或其他可迭代对象的元素进行遍历、过滤或再次计算,快速生成满足特定需求的列表,代码具有非常强的可读性,是 Python 程序开发时应用最多的技术之一。Python 的内部实现对列表推导式做了大量优化,可以保证很快的运行速度,也是推荐使用的一种技术。列表推导式的语法形式如下:

列表推导式 1

```
[expression for expr1 in sequence1 if condition1
            for expr2 in sequence2 if condition2
            for expr3 in sequence3 if condition3
            ⋮
            for exprN in sequenceN if conditionN]
```

列表推导式在逻辑上等价于循环语句,只是形式上更加简洁。例如:

```
>>>aList = [x*x for x in range(10)]
```

相当于

```
>>>aList = []
>>>for x in range(10):
    aList.append(x*x)
```

当然,如果不使用列表推导式的话,也可以借助于 Python 函数式编程的特点使用下面的代码实现同样功能。

```
>>>aList = list(map(lambda x: x*x, range(10)))
```

```
>>> list(map(lambda x: pow(x, 2), range(10)))
```

再例如：

```
>>> freshfruit = [' banana', 'loganberry ', 'passion fruit ']
>>> aList = [w.strip() for w in freshfruit]
```

等价于下面的代码：

```
>>> aList = []
>>> for item in freshfruit:
        aList.append(item.strip())
```

也等价于

```
>>> aList = list(map(lambda x: x.strip(), freshfruit))
```

或

```
>>> aList = list(map(str.strip, freshfruit))
```

列表推导式 2

大家应该看过一个故事，说是阿凡提与国王比赛下棋，国王说要是自己输了的话阿凡提想要什么他都可以拿得出来。

阿凡提说那就要点米吧，棋盘一共 64 个小格子，在第一个格子里放 1 粒米，第二个格子里放 2 粒米，第三个格子里放 4 粒米，第四个格子里放 8 粒米，以此类推，后面每个格子里的米都是前一个格子里的 2 倍，一直把 64 个格子都放满。那么到底需要多少粒米呢？使用列表推导式再结合内置函数 sum() 很容易知道答案。

```
>>> sum([2**i for i in range(64)])
18446744073709551615
```

按一千克米约 52 000 粒计算，为放满棋盘，需要大概 3500 亿吨米。结果可想而知，最后国王没有办法拿出那么多米。

在列表推导式中可以使用 if 子句对列表中的元素进行筛选，只在结果列表中保留符合条件的元素。下面的代码可以列出当前文件夹下所有的 Python 源文件：

```
>>> import os
>>> [filename for filename in os.listdir()
     if filename.endswith(('.py', '.pyw'))]
```

下面的代码用于从列表中选择符合条件的元素组成新的列表：

```
>>> aList = [-1, -4, 6, 7.5, -2.3, 9, -11]
>>> [i for i in aList if i>0]              #所有大于0的数字
[6, 7.5, 9]
```

再例如，已知有一个包含一些同学成绩的字典，现在需要计算所有成绩的最高分、最低分和平均分，并查找所有最高分同学，代码可以这样编写：

```
>>> scores = {"Zhang San": 45, "Li Si": 78, "Wang Wu": 40, "Zhou Liu": 96,
              "Zhao Qi": 65, "Sun Ba": 90, "Zheng Jiu": 78, "Wu Shi": 99,
              "Dong Shiyi": 60}
>>> highest = max(scores.values())                    #最高分
>>> lowest = min(scores.values())                     #最低分
>>> average = sum(scores.values())/len(scores)        #平均分
>>> highest, lowest, average
(99, 40, 72.33333333333333)
>>> highestPerson = [name for name, score in scores.items() if score==highest]
>>> highestPerson
['Wu Shi']
```

下面的代码使用列表推导式查找列表中最大元素的所有位置：

列表推导式3

```
>>> from random import randint
>>> x = [randint(1, 10) for i in range(20)]
                        #20个介于[1, 10]的整数
>>> x
[10, 2, 3, 4, 5, 10, 10, 9, 2, 4, 10, 8, 2, 2, 9, 7, 6, 2, 5, 6]
>>> m = max(x)
>>> [index for index, value in enumerate(x) if value == m]
                        #最大整数的所有出现位置
[0, 5, 6, 10]
```

5.6.2 生成器推导式

生成器推导式也称为生成器表达式（generator expression），语法与列表推导式非常相似，在形式上生成器推导式使用圆括号（parentheses）作为定界符，而不是列表推导式所使用的方括号（square brackets）。与列表推导式最大的不同是，生成器推导式的结果是一个生成器对象。生成器对象类似于迭代器对象，具有惰性求值的特点，只在需要时返回元素，比列表推导式具有更高的效率，空间占用非常少，尤其适合大数据处理的场合。

生成器推导式

使用生成器对象中的元素时，可以根据需要将其转化为列表或元组，也可以使用生成器对象的__next__()方法或者内置函数next()逐个获取下一个元素，或者直接使用for循环来遍历其中的元素。但是不管用哪种方法访问其元素，只能从前往后正向逐个访问每个元素，没有任何方法可以再次访问已访问过的元素。当所有元素访问结束以后，如果需要重新访问其中的元素，必须重新创建该生成器对象，enumerate、filter、map、zip等其他迭代器对象也具有同样的特点。

```
>>> g = ((i+2)**2 for i in range(10))      #创建生成器对象
>>> g
<generator object <genexpr> at 0x0000000003095200>
>>> tuple(g)                                #将生成器对象转换为元组
(4, 9, 16, 25, 36, 49, 64, 81, 100, 121)
>>> list(g)                                 #生成器对象已遍历结束,没有元素了
[]
>>> g = ((i+2)**2 for i in range(10))      #重新创建生成器对象
>>> g.__next__()                            #使用生成器对象的__next__()方法获取元素
4
>>> g.__next__()                            #获取下一个元素
9
>>> next(g)                                 #使用内置函数next()获取生成器对象中的元素
16
>>> next(g)                                 #获取下一个元素
```

```
25
>>> g = ((i+2)**2 for i in range(10))
>>> for item in g:                          #使用循环直接遍历生成器对象中的元素
    print(item, end=' ')
4 9 16 25 36 49 64 81 100 121
>>> x = filter(None, range(20))
>>> 1 in x
True
>>> 5 in x
True
>>> 2 in x                                  #不可再次访问已访问过的元素
False
>>> x = map(str, range(20))
>>> '0' in x
True
>>> '0' in x                                #不可再次访问已访问过的元素
False
```

5.7 序列解包

序列解包

序列解包（sequence unpacking）是 Python 中非常重要和常用的一个功能，可以使用非常简洁的形式完成复杂的功能，大幅度提高了代码的可读性，减少程序员的代码输入量。

```
>>> x, y, z = 1, 2, 3                       #多个变量同时赋值
>>> x, y, z
(1, 2, 3)
>>> a, b = 3, 4
>>> a, b
(3, 4)
>>> a, b = b, a                             #交换变量 a 和 b 的值
>>> a, b
(4, 3)
>>> v_tuple = (False, 3.5, 'exp')
```

```
>>> (x, y, z) = v_tuple
>>> x, y, z = v_tuple
>>> x, y, z = range(3)              #可以对 range 对象进行序列解包
>>> x, y, z = iter([1, 2, 3])       #使用迭代器对象进行序列解包
>>> x, y, z = map(str, range(3))    #使用可迭代的 map 对象进行序列解包
```

序列解包还可以用于列表、字典、enumerate 对象、filter 对象、zip 对象等，但是对字典使用序列解包时，默认是对字典"键"进行操作，如果需要对"键：值"对进行操作，需要使用字典的 items()方法说明，如果需要对字典"值"进行操作，则需要使用字典的 values()方法明确指定。下面的代码演示了列表与字典的序列解包操作：

```
>>> a = [1, 2, 3]
>>> b, c, d = a                     #列表也支持序列解包的用法
>>> x, y, z = sorted([1, 3, 2])     #sorted()函数返回排序后的列表
>>> s = {'a':1,'b':2,'c':3}
>>> b, c, d = s.items()
>>> b
('a', 1)
>>> b, c, d = s                     #使用字典时不用太多考虑元素的顺序
>>> b
'a'
>>> b, c, d = s.values()
>>> print(b, c, d)
1 2 3
>>> a, b, c = 'ABC'                 #字符串也支持序列解包
>>> print(a, b, c)
A B C
```

使用序列解包可以很方便地同时遍历多个序列。

```
>>> keys = ['a', 'b', 'c', 'd']
>>> values = [1, 2, 3, 4]
>>> for k, v in zip(keys, values):
        print(k, v)

a 1
```

b 2
c 3
d 4

下面代码演示了对内置函数 enumerate()返回的迭代对象进行遍历时序列解包的用法:

```
>>> x = ['a', 'b', 'c']
>>> for i, v in enumerate(x):
    print('The value on position {0} is {1}'.format(i, v))
The value on position 0 is a
The value on position 1 is b
The value on position 2 is c
```

下面对字典的操作也使用到了序列解包:

```
>>> s = {'a':1, 'b':2, 'c':3}
>>> for k, v in s.items():        #字典中每个元素包含"键"和"值"两部分
    print(k, v)
a 1
c 3
b 2
```

5.8 切片

切片是 Python 序列的重要操作之一,除了适用于列表之外,还适用于元组、字符串、range 对象,但列表的切片操作具有最强大的功能。不仅可以使用切片来截取列表中的任何部分得到一个新列表,也可以通过切片来修改和删除列表中的部分元素,甚至可以通过切片操作为列表对象增加元素。因为字符串和元组是不可变的,所以切片操作只能访问字符串和元组中的部分元素,无法进行修改。本书只介绍使用切片访问部分元素的方法。

切片

在形式上,切片使用2个冒号分隔的3个数字来完成,例如:

[start:stop:step]

其中,3个数字的含义与range(start, stop, step)完全一致,第一个数字start表示切片开始位置,默认为0;第二个数字stop表示切片截止(但不包含)位置(默认为列表长度);第三个数字step表示切片的步长(默认为1)。当start为0时可以省略,当stop为列表长度时可以省略,当step为1时可以省略,省略步长时还可以同时省略最后一个冒号。另外,当step为负整数时,表示反向切片,这时start应该在stop的右侧才行。

注意:字典和集合中的元素是无序的,不支持使用序号作为索引访问其中的元素,也不支持切片操作。

使用切片可以返回列表中部分元素组成的新列表。与使用索引作为下标访问列表元素的方法不同,切片操作不会因为下标越界而抛出异常,而是简单地在列表尾部截断或者返回一个空列表,代码具有更强的健壮性。

```
>>> aList = [3, 4, 5, 6, 7, 9, 11, 13, 15, 17]
>>> aList[::]                   #返回包含原列表中所有元素的新列表
[3, 4, 5, 6, 7, 9, 11, 13, 15, 17]
>>> aList[::-1]                 #返回包含原列表中所有元素的逆序列表
[17, 15, 13, 11, 9, 7, 6, 5, 4, 3]
>>> aList[::2]                  #隔一个取一个,获取偶数位置的元素
[3, 5, 7, 11, 15]
>>> aList[1::2]                 #隔一个取一个,获取奇数位置的元素
[4, 6, 9, 13, 17]
>>> aList[3:6]                  #指定切片的开始和结束位置
[6, 7, 9]
>>> aList[0:100]                #切片结束位置大于列表长度时,从列表尾部截断
[3, 4, 5, 6, 7, 9, 11, 13, 15, 17]
>>> aList[100]                  #抛出异常,不允许越界访问
```

```
IndexError: list index out of range
>>> aList[100:]                     #切片开始位置大于列表长度时,返回空列表
[]
>>> aList[-15:3]                    #进行必要的截断处理
[3, 4, 5]
>>> len(aList)
10
>>> aList[3:-10:-1]                 #位置 3 在位置-10 的右侧,-1 表示反向切片
[6, 5, 4]
>>> aList[3:-5]                     #位置 3 在位置-5 的左侧,正向切片
[6, 7]
>>> 'Explicit is better than implicit.'[:8]
                                    #前 8 个字符
'Explicit'
>>> 'Explicit is better than implicit.'[9:23]
                                    #下标为 9~22 的字符
'is better than'
>>> path = 'C:\\Python35\\test.bmp'
>>> path[:-4] + '_new' + path[-4:]
'C:\\Python35\\test_new.bmp'
```

5.9　本章知识要点

（1）列表是包含若干元素的有序连续内存空间,属于有序可变序列,支持双向索引,功能强大,但效率略低。

（2）应尽量避免在列表中间位置进行元素的插入和删除操作。

（3）元组属于有序不可变序列,可以看作轻量级的列表。

（4）字典的"键"必须是不可变的数据,并且不允许重复;"值"可以是任意类型数据,允许重复。

（5）集合中的元素必须是可哈希的,并且不允许重复。

（6）集合支持交集、并集、差集和对称差集等运算。

（7）字符串使用单引号、双引号和三引号作为定界符，不同的定界符之间可以嵌套使用。

（8）字符串属于有序不可变序列，支持双向索引，并且提供了格式化、排版、替换等大量方法。

（9）列表推导式可以使用非常简洁的形式得到符合条件的列表。

（10）生成器推导式得到的是生成器对象，具有惰性求值的特点，占用空间非常小。

（11）切片可以用来访问列表、元组、字符串等有序序列中的部分元素，作用于列表时，还可以完成元素的插入、删除、替换等功能。

习题

1. 判断对错：对于任意长度的非空列表 x，总是可以使用 x[-1]来访问最后一个元素。

2. 判断对错：已知列表 x=[1, 3, 2]，那么执行 x=x.sort()之后，x 的值为[1, 2, 3]。

3. 判断对错：已知 x 为非空列表，那么表达式 sorted(x, reverse=True)==list(reversed(x))的值为 True。

4. 判断对错：已知 x 为非空列表，那么表达式 x.reverse()==reversed(x)的值为 True。

5. 判断对错：已知列表 x=[1, 3, 2]，执行 x=x.remove(3)之后，x 的值为[1, 2]。

6. 判断对错：表达式(3) * 3 的值为(3, 3, 3)。

7. 判断对错：已知元组 x=(1, 2, 3)，那么执行 x.append(4)之后，x 的值为(1, 2, 3, 4)。

8. 判断对错：已知字典 x={65: 97, 66: 98, 67: 99}，那么表达式 x.get(66, 88)的值为 98。

9. 判断对错：已知字典 x={65: 97, 66: 98, 67: 99}，语句 x[66]=88 是无法执行的，会出错。

10. 判断对错：表达式 {1, 2, 3}|{3, 4, 5} 的值为 {1, 2, 3, 4, 5}。

11. 判断对错：表达式 {1, 2, 3}<{3, 4, 5} 的值为 True。

12. 判断对错：表达式 len('a\b\c\d') 的值为 6。

13. 判断对错：表达式 'm\n\o\p\qn'.count('n') 的值为 1。

14. 判断对错：已知列表 x=[1, 2, 3, 2, 3, 1]，那么表达式 [x.index(num) for num in x if num==3] 的值为 [2, 2]。

15. 判断对错：已知元组 x=(1, 2, 3, 4, 5, 6)，那么表达式 (num for num in x if num>3) 的值为 (4, 5, 6)。

16. 判断对错：已知变量 x=3 和 y=5，那么执行语句"x, y = y, x"之后，x 的值为 5。

17. 编写程序，从键盘输入一句话，判断是否为回文。所谓回文是指从前向后读和从后向前读是一样的字符串，例如'天连水尾水连天'。

18. 编写程序，从键盘输入一个包含若干正整数的列表，输出其中所有奇数组成的新列表。

19. 编写程序，从键盘输入一个包含若干正整数的列表，去除重复的正整数，对于重复的正整数只保留一个，输出剩余正整数组成的新列表，要求新列表中的正整数按其在原列表中首次出现的位置先后排列。

20. 编写程序，从键盘输入任意字符串，统计并输出其中小写字母、大写字母、数字、标点符号的个数。

21. 编写程序，从键盘输入一个包含若干非空集合的列表，输出这些集合的并集。

22. 编写程序，从键盘输入一个包含若干非空集合的列表，输出这些集合的交集。

23. 编写程序，从键盘输入任意一段英语，处理其中的空格。删除首尾空格，如果相邻单词之间有连续多个空格，只保留一个空格，不用做其他改动，输出处理后的字符串。

24. 编写程序，从键盘输入一个字符串，判断输入的字符串忽略大小写之后是否与字符串'yes'等价，例如'Yes'、'YES'、'yES'或类似的正确顺序大小写组合都认为等价。程序根据判断结果输出'等价'或'不等价'。

25. 编写程序，从键盘输入任意一段英语，如果有两个连续一样的单词，就删除一个，不做其他改动。例如，输入'This is a a book'，程序输出'This is a book'。

26. 编写程序，设计一个字典，其中元素的"键"是一些水果中文名称，"值"是对应的英语单词。然后编写循环结构，从键盘输入一个水果中文名称，由程序输出对应的英语单词，如果输入"再见"就结束程序的运行。

27. 编写程序，设计一个字典，其中包含10个元素，每个元素的"键"为中文字符串，"值"为对应的英语单词。然后编写循环结构实现一个单词听写程序，乱序输出字典的"键"，然后从键盘接收字符串作为对应的翻译，10个单词全部听写完成之后，输出答对的个数。

28. 编写程序，生成包含5个子列表的嵌套列表data，每个子列表中包含10个介于[1,10]区间的随机整数，然后输出所有子列表对应位置上数字之和组成的新列表，新列表中下标0的数字是所有子列表中下标0的数字相加之和，新列表中下标1的数字是所有子列表中下标1的数字相加之和，以此类推。

第6章 函　　数

本章重点介绍 Python 函数的定义与使用、不同类型的函数参数，以及 lambda 表达式的知识，最后通过几个例题演示函数的定义与用法。

6.1　函数定义与调用

初中数学课程中已经介绍过函数的概念，函数 $y=f(x)$ 表示从自变量到因变量之间的一种映射或对应关系。软件开发中的函数 (function) 也具有相似的含义，也是把输入经过一定的变换和处理后得到预定的输出，如图 6-1 所示。从外部来看，函数就像一个黑盒子，不需要了解它的内部原理，只需要了解其接口或使用方法即可。

图 6-1　函数示意图

将可能需要反复执行的代码封装成函数，并在需要该功能的地方进行调用，不仅可以实现代码的复用，更重要的是可以保证代码的一致性，只需要修改该函数代码则所有调用位置均得到体现。同时，把大任务拆分成多个小任务（函数）也是分治法的经典应用，复杂问题简单化，使得软件开发像搭积木一样简单。当然，在实际开发中，需要对函数进行良好的设计和优化才能充分发挥其优势。在编写函数时，有很多原则需要参考和遵守，例如，不要在同一个函数中执行太多的功能，尽量只让其完成一个难度相关且大小合适的功能。另外，尽量减少全局变量的使用，使得函数之间仅通过调用和参数传递来显式体现其相互关系。最后,尽量把一个函数的代码量控制在一个屏幕之内,提高可读性。

在 Python 中,定义函数的语法如下:

```
def 函数名([参数列表]):
    '''注释'''
    函数体
```

在 Python 中使用 def 关键字来定义函数,然后是一个空格和函数名称,接下来是一对圆括号,在圆括号内是形式参数(以下简称"形参")列表,如果有多个参数则使用逗号分隔开,圆括号之后是一个冒号,换行后是注释和函数体代码。定义函数时,在语法上需要注意的问题主要有:①函数形参不需要声明其类型,也不需要指定函数返回值类型;②即使函数不需要接收任何参数,也必须保留一对空的圆括号;③圆括号后面的冒号必不可少;④函数体相对于 def 关键字必须保持一定的空格缩进。

小提示:函数体内的代码与前几章的代码没有什么分别,可以包含选择结构和循环结构,可以使用内置函数以及列表、元组、字典、集合和字符串等对象的方法,也可以使用标准库和扩展库的对象。可以认为定义函数就是对普通代码加上一个壳,使得代码的重复使用更加方便。

下面的函数用来计算斐波那契数列中小于参数 n 的所有值:

```
def fib(n):                    #定义函数,圆括号里的n是形参
    '''参数为整数 n.
    返回小于 n 的斐波那契数列.'''
    a, b = 1, 1
    while a < n:
        print(a, end=' ')
        a, b = b, a+b
    print()
```

该函数的调用方式如下:

```
fib(1000)                      #调用函数,圆括号里的1000是实参
```

小提示：斐波那契数列是指，假设某人买了一对小兔子，这对小兔子从第三个月开始每个月都会生一对小兔子，而所有的小兔子到了第三个月都会每月生一对小兔子，问第 n 个月会有多少对兔子。

如果代码本身不能提供非常好的可读性来帮助理解其中的算法和思路，那么最好加上适当的注释来说明。在定义函数时开头部分的注释并不是必需的，但是如果为函数的定义加上一段注释的话可以为用户提供友好的提示和使用帮助。这样的话，可以使用内置函数 help() 来查看函数的使用帮助，另外，在调用该函数时输入左侧圆括号之后，立刻就会得到该函数的使用说明，如图 6-2 所示。

```
>>> def fib(n):                         #定义函数，圆括号里的n是形参
    '''参数为整数 n.
    返回小于n的斐波那契数列.'''
    a, b = 1, 1
    while a < n:
        print(a, end=' ')
        a, b = b, a+b
    print()
>>> print(fib.__doc__)
参数为整数 n.
返回小于n的斐波那契数列.
>>> help(fib)
Help on function fib in module __main__:

fib(n)
    参数为整数 n.
    返回小于n的斐波那契数列.
>>> fib(
    (n)
    参数为整数 n.
    返回小于n的斐波那契数列.
```

图 6-2　使用注释来为用户提示函数使用说明

在 Python 中，定义函数时也不需要声明函数的返回值类型，而是使用 return 语句结束函数执行的同时返回任意类型的值，函数返回值类型与 return 语句返回表达式的类型一致。不论 return 语句出现在函数的什么位置，一旦得到执行将直接结束函数的执行。如果函数没有 return 语句、有 return 语句但是没有执行到或者执行了不返回任何值的 return 语句，Python 解释器都会认为该函数以 return None 结束，即返回空值。

6.2 函数参数

函数定义时圆括号内是使用逗号分隔开的形参列表（parameters），函数可以有多个参数，也可以没有参数，但定义和调用时一对圆括号必须要有，表示这是一个函数并且不接收参数。调用函数时向其传递实参（arguments），将实参的引用（内存地址）传递给形参。定义函数时不需要声明参数类型，Python 解释器会根据实参的值自动推断形参类型。

一般来说，在函数内部直接修改形参的值不会影响实参。例如：

```
>>> def addOne(a):
        a += 1                  #这条语句会得到一个新的变量 a
>>> a = 3
>>> addOne(a)
>>> a                           #实参的值没有受到影响
3
```

从运行结果可以看出，在函数内部修改了形参 a 的值，但是当函数运行结束以后，实参 a 的值并没有被修改。然而，列表、字典、集合这样的可变数据类型作为函数参数时，如果在函数内部通过列表、字典或集合对象自身的原地操作方法修改其中的元素时，同样的作用会立刻体现到实参上。

```
>>> def modify(v):              #修改列表元素值
        v[0] = v[0]+1
>>> a = [2]
>>> modify(a)
>>> a
[3]
>>> def modify(v, item):        #为列表增加元素
        v.append(item)
>>> a = [2]
>>> modify(a, 3)
>>> a
[2, 3]
>>> def modify(d):              #修改字典元素值或为字典增加元素
        d['age'] = 38
```

```
>>>a = {'name':'Dong', 'age':37, 'sex':'Male'}
>>>modify(a)
>>>a
{'age': 38, 'name': 'Dong', 'sex': 'Male'}
>>>def modify(s, v):                #为集合添加元素
    s.add(v)
>>>s = {1, 2, 3}
>>>modify(s, 4)
>>>s
{1, 2, 3, 4}
```

也就是说,如果传递给函数的是列表、字典、集合或其他自定义的可变序列,并且在函数内部使用下标或序列自身方法为可变序列增加、删除元素或修改元素值时,实参也得到了相应的修改。

从参数传递形式来看,可以分为位置参数、默认值参数、关键参数和可变长度参数,本书重点介绍其中两种。

6.2.1 默认值参数

在定义函数时,Python 支持默认值参数(default argument),在定义函数时可以为形参设置默认值。在调用带有默认值参数的函数时,可以不用为设置了默认值的形参传递实参,此时函数将会直接使用函数定义时设置的默认值,当然也可以通过显式赋值来替换其默认值。也就是说,在调用函数时是否为默认值参数传递实参是可选的,使用方式非常灵活。需要注意的是,在定义带有默认值参数的函数时,任何

函数参数

一个默认值参数右边都不能再出现不带默认值的普通位置参数,否则会提示语法错误。带有默认值参数的函数定义语法如下:

```
def 函数名(…, 形参名=默认值):
    函数体
```

下面的函数在定义时设置了参数 times 的默认值为 1。

```
>>> def say(message, times=1 ):
       print((message+' ')*times)
```

调用该函数时,如果只为第一个参数传递实参,则第二个参数使用默认值1,如果为第二个参数传递实参,则不再使用默认值1,而是使用调用者显式传递的值。

```
>>> say('hello')
hello
>>> say('hello', 3)
hello hello hello
```

6.2.2 关键参数

关键参数主要指调用函数时的参数传递方式,与函数定义方式无关。一般来说,调用函数时实参和形参的顺序必须一致,这要求函数的使用者必须清楚形参的顺序和位置。通过关键参数可以按参数名字传递值,实参顺序可以和形参顺序不一致,但不影响参数值的传递结果,避免了用户需要牢记参数位置和顺序的麻烦,使得函数的调用和参数传递更加灵活方便。

```
>>> def demo(a, b, c=5):              #带有默认值参数的函数
       print(a, b, c)
>>> demo(3, 7)                        #按位置传递参数
3 7 5
>>> demo(a=7, b=3, c=6)               #使用关键参数形式传递参数
7 3 6
>>> demo(c=8, a=9, b=0)               #实参和形参顺序可以不一样
9 0 8
```

6.3 变量作用域

变量起作用的代码范围称为变量的作用域,不同作用域内同名变量之间互不影响,就像不同文件夹中的同名文件之

变量作用域

间互不影响一样。在函数外部和在函数内部定义的变量,其作用域是不同的,在函数内部定义的变量一般为局部变量(在函数内部也可以定义全局变量),在函数外部定义的变量为全局变量。

在函数内定义的局部变量只在该函数内可见,当函数运行结束后,在其内部定义的所有局部变量将被自动删除而不可访问。在函数内部使用 global 定义的全局变量当函数结束以后仍然存在并且可以访问。

如果想要在函数内部修改一个定义在函数外的变量值,必须要使用 global 明确声明,否则会自动创建新的局部变量。在函数内部通过 global 关键字来声明或定义全局变量,这分两种情况。

(1) 一个全局变量已在函数外定义,如果在函数内需要修改这个变量的值,可以在函数内用关键字 global 明确声明要使用已定义的同名全局变量。

(2) 在函数内部直接使用 global 关键字将一个变量声明为全局变量,如果在函数外没有定义该全局变量,在调用这个函数之后,会自动创建新的全局变量。

或者说,也可以这么理解:①在函数内如果只引用某个变量的值而没有为其赋新值,该变量为(隐式的)全局变量;②如果在函数内某条代码有为变量赋值的操作,该变量从此之后就被认为是(隐式的)局部变量,除非在函数内赋值操作之前显式地用关键字 global 进行了声明。

下面的代码演示了局部变量和全局变量的用法。

```
>>>def demo():
    global x                    #声明或创建全局变量,必须在使用 x 之前执行该语句
    x = 3                       #修改全局变量的值
    y = 4                       #局部变量
    print(x, y)
>>>x = 5                        #在函数外部定义了全局变量 x
>>>demo()                       #本次调用修改了全局变量 x 的值
3  4
>>>x
3
>>>y                            #局部变量在函数运行结束之后自动删除,不再存在
NameError: name 'y' is not defined
```

```
>>> del x                           #删除了全局变量 x
>>> x
NameError: name 'x' is not defined
>>> demo()                          #本次调用创建了全局变量 x
3  4
>>> x
3
```

如果局部变量与全局变量具有相同的名字,那么该局部变量会在自己的作用域内暂时隐藏同名的全局变量。

```
>>> def demo():
        x = 3
        print(x)
>>> x = 5                           #创建了局部变量,并自动隐藏了同名的全局变量
>>> x                               #创建全局变量
5
>>> demo()                          #在函数内访问的是局部变量 x
3
>>> x                               #函数调用结束后,不影响全局变量 x 的值
5
```

除了局部变量和全局变量还有 nonlocal 变量,中学阶段不要求掌握 nonlocal 变量,本书不介绍。

6.4 函数递归调用

如果在一个函数中直接或间接地又调用了该函数自身,则这种调用称为递归调用。函数的递归调用是函数调用的一种特殊情况,函数调用自己,自己再调用自己,自己再调用自己,……,当某个条件得到满足时就不再调用了,最后再一层一层地返回直到该函数第一次调用的位置,如图 6-3 所示。

函数递归通常用来把一个大型的复杂问题层层转化为一个与原来问题性质相同但规模很小、很容易解决或描述的问题,只需要很少的代码就可以描述解决问题过程中需要的大量重复计算。例如,下面的代码使用递归计算列表中所有元素之和,尽管

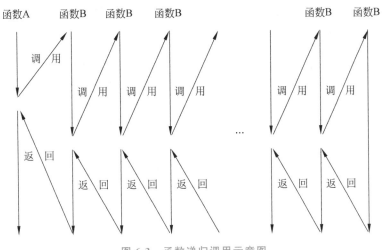

图 6-3　函数递归调用示意图

在 Python 中没有这样做的必要。更多递归算法的知识参考第 8 章。

```
def recursiveSum(lst):
    if len(lst) == 1:
        return lst[0]
    return lst[0] + recursiveSum(lst[1:])
```

6.5　lambda 表达式

lambda 表达式常用来声明匿名函数,即没有函数名字的临时使用的小函数(当然,也可以给 lambda 表达式起个名字,然后像函数一样使用),常用在临时需要一个类似于函数的功能但又不想定义一个函数的场合,例如内置函数 sorted()和列表方法 sort()的 key 参数,内置函数 map()和 filter()的第一个参数,等等。lambda 表达式只可以包含一个表达式,不允许包含其他复杂的语句,但在表达式中可以调用其他函数,并支持默认值参数和

lambda 表达式

关键参数,该表达式的计算结果相当于函数的返回值。下面的代码演示了不同情况下 lambda 表达式的应用。

```
>>> f = lambda x, y, z: x+y+z              #也可以给 lambda 表达式起个名字
>>> print(f(1, 2, 3))                      #把 lambda 表达式当成函数使用
6
>>> g = lambda x, y=2, z=3: x+y+z          #可以含有默认值参数
>>> print(g(1))
6
>>> print(g(2, z=4, y=5))                  #调用时可以使用关键参数
11
>>> L = [(lambda x:x**2),(lambda x:x**3),(lambda x:x**4)]
>>> print(L[0](2), L[1](2), L[2](2))
4 8 16
>>> D = {'f1':(lambda:2+3),'f2':(lambda:2*3),'f3':(lambda:2**3)}
>>> print(D['f1'](), D['f2'](), D['f3']())
5 6 8
>>> L = [1, 2, 3, 4, 5]
>>> list(map(lambda x: x+10, L))           #lambda 表达式作为函数参数
[11, 12, 13, 14, 15]
>>> def demo(n):
        return n * n
>>> demo(5)
25
>>> a_list = [1, 2, 3, 4, 5]
>>> list(map(lambda x:demo(x), a_list))    #在 lambda 表达式中可以调用函数
[1, 4, 9, 16, 25]
>>> data = list(range(20))
>>> import random
>>> random.shuffle(data)                   #打乱列表中的元素顺序
>>> data
[4, 3, 11, 13, 12, 15, 9, 2, 10, 6, 19, 18, 14, 8, 0, 7, 5, 17, 1, 16]
>>> data.sort(key=lambda x:x)              #用在列表的 sort()方法中,作为函数参数
>>> data
[0, 1, 2, 3, 4, 5, 6, 7, 8, 9, 10, 11, 12, 13, 14, 15, 16, 17, 18, 19]
>>> data.sort(key=lambda x:len(str(x)))    #使用 lambda 表达式指定排序规则
>>> data
[0, 1, 2, 3, 4, 5, 6, 7, 8, 9, 10, 11, 12, 13, 14, 15, 16, 17, 18, 19]
```

```
>>> data.sort(key=lambda x:len(str(x)), reverse=True)
>>> data
[10, 11, 12, 13, 14, 15, 16, 17, 18, 19, 0, 1, 2, 3, 4, 5, 6, 7, 8, 9]
```

小提示：lambda 表达式可以认为是一个只包含一个语句的函数。例如，下面的 lambda 表达式和函数定义是完全等价的。

```
>>> f = lambda x, y: x+y
>>> def f(x, y):
        return x+y
```

6.6 精彩例题分析与解答

例 6-1　编写函数，接收一个整数 t 作为参数，打印杨辉三角形的前 t 行。

解析：杨辉三角形的特点是最左侧一列数字和右边的斜边都是 1，内部其他位置上的每个数字都是上一行同一列的数字与上一行前一列数字的和。

例 6-1

```
def yanghui(t):
    #输出第一行和第二行
    print([1])
    line = [1, 1]
    print(line)
    #从第三行开始的其他行
    for i in range(2, t):
        r = []
        #按规律生成该行除两端之外的数字
        for j in range(0, len(line)-1):
            r.append(line[j]+line[j+1])
        #把两端的数字连接上
        line = [1]+r+[1]
        print(line)
```

```
yanghui(6)
```

扫二维码查看源代码：

运行结果：

```
[1]
[1, 1]
[1, 2, 1]
[1, 3, 3, 1]
[1, 4, 6, 4, 1]
[1, 5, 10, 10, 5, 1]
```

例 6-2 编写函数，把列表循环左移 k 位。

解析：所谓循环左移 1 位，就是把列表中最左端的元素弹出，然后再把这个元素追加到列表的尾部。

```
def demo(lst, k):
    temp = lst[:]              #切片,不影响原来的列表
    for i in range(k):
        temp.append(temp.pop(0))   #把头部的元素追加到列表尾部
    return temp

lst = [1, 2, 3, 4, 5, 6]
print(demo(lst, 3))
```

例 6-2

扫二维码查看源代码：

运行结果：

```
[4, 5, 6, 1, 2, 3]
```

对于长列表来说上面的代码效率非常低,因为 pop(0)操作在列表首部删除元素,这会引起大量元素的前移。对于本例中描述的问题,建议使用切片来实现,可以达到最快的速度。

```
def demo(lst, k):
    return lst[k:] + lst[:k]
```

例 6-3 编写函数模拟猜数游戏。系统随机产生一个数,玩家最多可以猜 3 次,系统会根据玩家的猜测进行提示,玩家则可以根据系统的提示对下一次的猜测进行适当调整。

解析:本例使用内置函数 range()来控制玩家猜数的次数,使用异常处理结构来避免因为用户输入非数字而可能引发的错误。

例 6-3

```
from random import randint

def guess(start, end, maxTimes):
    #随机生成一个整数
    value = randint(start, end)
    #最多允许猜 maxTimes 次,创建局部变量
    maxTimes = maxTimes
    for i in range(maxTimes):
        prompt = 'Start to GUESS:' if i==0 else 'Guess again:'
        #使用异常处理结构,防止输入不是数字的情况
        try:
            x = int(input(prompt))
            #猜对了
            if x == value:
                print('Congratulations!')
                break
            elif x > value:
                print('Too big')
            else:
                print('Too little')
```

```
        except:
            print('必须输入数字')
    else:
        #次数用完还没猜对,游戏结束,提示正确答案
        print('Game over. FAIL.')
        print('The value is ', value)

guess(1, 10, 3)
```

扫二维码查看源代码:

运行结果(略):因为是猜测随机产生的数字,所以每次运行结果并不完全一样,请自行验证。

例 6-4　编写函数,使用递归法对整数进行因数分解。

解析:函数执行结束后,fac 中包含了整数 num 因数分解的结果。

```
from random import randint

def factors(num):
    #每次都从 2 开始查找因数
    for i in range(2, int(num**0.5)+1):
        #找到一个因数
        if num%i == 0:
            fac.append(i)
            #继续分解,重复这个过程
            factors(num//i)
            #注意,这个 break 非常重要
            break
    else:
        #不可分解了,自身也是个因数
```

例 6-4

```
        fac.append(num)

fac = []
n = randint(2, 10**8)
factors(n)
result = ' * '.join(map(str, fac))
if n == eval(result):
    print(n, '='+result)
```

扫二维码查看源代码：

运行结果(**略**)：因为代码中是对随机产生的整数进行因数分解，所以每次运行结果并不完全相同，但每次都会输出一个整数的因数分解结果，请自行验证。

6.7 本章知识要点

（1）函数是对代码的一种封装，对于代码的重复利用更加方便。

（2）函数在定义时可以设置参数的默认值，在调用这样的函数时，可以为带有默认值的参数传递实参，也可以不传递。

（3）通过关键参数形式，可以不用记忆函数形参的顺序，使得函数调用和使用更加方便，非常灵活。

（4）函数递归通常用来把一个大型的复杂问题层层转化为一个与原来问题本质相同但规模更小、更容易解决或描述的问题。

（5）lambda 表达式在一定程度上相当于只有一个语句的函数，也支持默认值参数和关键参数。

习题

1. 判断对错：自定义函数必须接收参数，内置函数没有这个限制。

2. 判断对错：在 Python 程序中，如果一个函数没有明确的返回值，一律认为返回空值 None。

3. 判断对错：在 Python 程序中，使用关键字 define 定义函数。

4. 判断对错：函数中可以有多个 return 语句，但在某次调用时最多只有一个 return 能够得到执行，一旦执行了某个 return 语句，会立刻结束函数。

5. 判断对错：如果定义函数时为一部分形参设置了默认值，在调用时就不能给这些形参传递实参了。

6. 阅读下面的程序，写出运行结果：_____。

```
x, y = 3, 5
def main():
    global x
    x, y = 5, 8

main()
print(x, y)
```

7. 阅读下面的程序，写出运行结果：_____。

```
func = lambda num: num+5
print(list(map(func, range(5))))
```

8. 阅读下面的程序，写出运行结果：_____。

```
def func(n):
    result = 1
    for i in range(1, n+1):
        result = result*i
    return result
```

```
print(func(5))
```

9. 阅读下面的程序,写出运行结果:_____。

```
def func(data, k):
    x = data[:k]
    y = data[k:]
    x.reverse()
    y.reverse()
    r = x+y
    r.reverse()
    return r

print(func([1, 2, 3, 4, 5, 6, 7, 8], 3))
```

10. 编写函数 isPrime(num) 判断正整数参数 num 是否为素数,然后编写程序使用循环结构让用户从键盘输入 10 个正整数,调用函数 isPrime() 对输入的正整数进行判断,输出 '是素数' 或 '不是素数'。

11. 编写函数 drawRect(n, m),接收两个正整数,输出使用星号组成的矩形图案,水平方向 n 个星号的宽度,垂直方向 m 个星号的高度,例如,调用 drawRect(8, 5) 得到下面的图案。

```
********
*      *
*      *
*      *
********
```

12. 编写函数 myMul(a, b),接收两个数字,然后计算表达式 10*a+b 的值,结合标准库 functools 中的函数 reduce(),把列表 data=[1, 2, 3, 4, 5, 6] 中的数字依次连接变成 123456。

13. 查阅资料,了解标准库 itertools 中 count(start, step) 函数的功能和用法,然后编写函数 myCount(start, step) 模拟 count() 函数。

14. 编写递归函数 demo(num) 计算正整数参数 num 各位数字之和，然后编写程序调用这个函数计算 1234 和 12345 各位数字之和。

15. 编写程序，生成包含 5 个子列表的嵌套列表 data，每个子列表中包含 10 个介于 [1,10] 区间的随机整数，然后输出下标 2 上数字最大的子列表，如果有多个这样的子列表，要求输出下标 4 上数字最大的子列表。

16. 编写程序，生成包含 5 个子列表的嵌套列表 data，每个子列表中包含 10 个介于 [1,10] 的随机整数，然后输出最后 3 个数字相加之和最大的子列表。

17. 编写程序，生成一个包含 10 个随机 3 位正整数的列表 data，然后按照每个正整数各位数字之和的大小顺序升序排列，输出排序之后的新列表。

18. 编写函数 main(lst)，接收包含若干正整数的列表 lst，要求返回所有奇数下标元素之和与所有偶数下标元素之和组成的元组，例如 lst 为 [1234, 5, 13, 65] 时返回 (70, 1247)。然后编写程序调用并测试这个函数。

第 7 章 面向对象程序设计

本章重点介绍面向对象程序设计的基础知识、类的定义与实例化、数据成员与成员方法、类方法、静态方法等内容,最后通过几个自定义类来演示面向对象程序设计的思路。

7.1 面向对象程序设计简介

面向对象程序设计(Object Oriented Programming,OOP)的思想主要针对大型软件设计提出,使得软件设计更加灵活,能够很好地支持代码复用和设计复用,代码具有更好的可读性和可扩展性,大幅度降低了软件开发的难度。面向对象程序设计的一个关键性观念是将数据以及对数据的操作封装在一起,组成一个相互依存、不可分割的整体,即对象,不同对象之间通过消息机制来通信或者同步。对于相同类型的对象进行分类、抽象后,得出共同的特征而形成了类(class),面向对象程序设计的关键就是如何定义这些类并且合理组织多个类之间的关系。

Python 是真正面向对象的高级动态编程语言,完全支持面向对象的基本功能,如封装、继承、多态以及对基类方法的覆盖或重写。Python 中对象的概念非常广泛,Python 中的一切内容都可以称为对象,函数也是对象。定义类时用变量形式表示对象特征的成员(例如人的姓名、身份证号、性别、出生日期)称为数据成员(attribute),用函数形式表示对象行为的成员(例如走路、吃饭、学习、交朋友)称为成员方法

（method），数据成员和成员方法统称为类的成员。

7.2 类的定义与实例化

Python 使用 class 关键字来定义类，class 关键字之后是一个空格，接下来是类的名字，如果派生自其他基类，则需要把所有基类放到一对圆括号中并使用逗号分隔，然后是一个冒号，最后换行并定义类的内部实现（定义数据成员和成员方法）。类名的首字母一般要大写，当然也可以按照自己的习惯定义类名，但是一般推荐参考惯例来命名，并在整个系统的设计和实现中保持风格一致，这一点对于团队合作非常重要。例如：

```
class Car(object):              #定义一个类，派生自 object 类
    def infor(self):            #定义成员方法
        print("This is a car")
```

定义了类之后，就可以用来实例化对象，然后通过"对象名.成员"的形式来访问其中的数据成员或成员方法。例如：

```
>>> car = Car()                 #实例化对象
>>> car.infor()                 #调用对象的成员方法
This is a car
```

在 Python 中，可以使用内置函数 isinstance()来测试一个对象是否为某个类的实例，或者使用内置函数 type()查看对象类型。例如：

```
>>> isinstance(car, Car)        #判断 car 是否为 Car 类的对象
True
>>> isinstance(car, str)
False
>>> type(car)                   #查看对象 car 的类型
<class '__main__.Car'>
```

7.3 数据成员与成员方法

7.3.1 私有成员与公有成员

私有成员在类的外部不能直接访问,一般是在类的内部进行访问和操作,或者在类的外部通过调用对象的公有成员方法来访问,这是类的封装特性的重要体现。公有成员是可以公开使用的,既可以在类的内部进行访问,也可以在外部程序中使用。

私有成员与公有成员

从形式上看,在定义类的成员时,如果成员名以两个下画线"__"开头则表示是私有成员。Python 并没有对私有成员提供严格的访问保护机制,通过一种特殊方式"对象名._类名__xxx"也可以在外部程序中访问私有成员,但这会破坏类的封装性,不建议这样做。

```
>>> class A:
    def __init__(self, value1=0, value2=0):     #构造方法
        self._value1 = value1
        self.__value2 = value2                  #私有成员

    def setValue(self, value1, value2):         #成员方法,公有成员
        self._value1 = value1
        self.__value2 = value2                  #在类内部可以直接访问私有成员

    def show(self):                             #成员方法,公有成员
        print(self._value1)
        print(self.__value2)

>>> a = A()
>>> a._value1                                   #在类外部可以直接访问非私有成员
0
>>> a._A__value2                                #在外部访问对象的私有数据成员
0
```

圆点"."是成员访问运算符，可以用来访问命名空间、模块或对象中的成员，在IDLE、Eclipse+PyDev、WingIDE 或其他 Python 开发环境中，在对象或类名后面加上一个圆点"."，都会自动列出其所有公开成员，如图 7-1 所示。如果在圆点"."后面再加一个下画线，则会列出该对象或类的所有成员，包括私有成员，如图 7-2 所示。当然，也可以使用内置函数 dir()来查看指定对象、模块或命名空间的所有成员。

图 7-1　列出对象公开成员

图 7-2　列出对象所有成员

在 Python 中，以下画线开头和结束的成员名有特殊的含义，在类的定义中用下画线作为变量名和方法名前缀和后缀往往有特殊含义。

（1）_xxx：以一个下画线开头，表示保护成员，模块中以单下画线开头的成员在默认情况下不能用'from module import * '导入。

（2）__xxx：以两个下画线开头，但不以两个下画线结束，表示类中的私有成员，一般只有类对象自己能访问，子类对象也不能直接访问该成员，但可以通过"对象名._类名__xxx"这样的特殊方式来访问。

（3）__xxx__：前后各两个下画线，表示系统定义的特殊成员。

7.3.2　数据成员

数据成员可以大致分为两类：属于对象的数据成员和属于类的数据成员。

（1）属于对象的数据成员一般在构造方法__int__()中定义，当然也可以在其他成员方法中定义,在定义和在实例方法中访问数据成员时以self作为前缀,同一个类的不同对象(实例)之间的数据成员之间互不影响。例如,每个人都有自己的身份证号、姓名、身高等属性;每本书都有自己的ISBN、书名、作者、出版社等信息。

(2) 属于类的数据成员是该类所有对象共享的,不属于任何一个对象,但通过每个对象都可以访问,在定义类时这样的数据成员不在任何一个成员方法的定义中。

数据成员

在类的外部,对象数据成员属于实例(对象),只能通过对象名访问;而类数据成员属于类,可以通过类名或对象名访问。

7.3.3 成员方法、类方法、静态方法

首先应该明确,函数(function)和方法(method)这两个概念是有本质区别的。方法一般指与特定实例绑定的函数,通过对象调用方法时,对象本身将被作为第一个参数传递过去,普通函数并不具备这个特点。例如,内置函数 sorted() 必须要指明要排序的对象,而列表对象的 sort() 方法则不需要,默认是对当前对象进行排序。

成员方法、类方法和静态方法

```
>>> class Demo:                              #定义一个空类
        pass
>>> t = Demo()                               #实例化对象
>>> def test(self, v):
        self.value = v
>>> t.test = test                            #为对象动态增加普通函数
>>> t.test
<function test at 0x00000000034B7EA0>
>>> t.test(t, 3)                             #通过对象调用函数
>>> print(t.value)
3
>>> import types
```

```
>>> t.test = types.MethodType(test, t)        #为对象动态增加绑定的方法
>>> t.test
<bound method test of <__main__.Demo object at 0x000000000074F9E8>>
>>> t.test(5)                                  #调用对象方法
>>> print(t.value)
5
```

Python 类的成员方法常用的类型有公有方法、私有方法、静态方法和类方法。公有方法、私有方法一般是指属于对象的实例方法，私有方法的名字以两个下画线"__"开始。每个对象都有自己的公有方法和私有方法，在这两类方法中都可以访问属于类和对象的成员。公有方法通过对象名直接调用，私有方法不能通过对象名直接调用，只能在实例其他方法中通过前缀 self 进行调用或在外部通过特殊的形式来调用。

所有实例方法（包括公有方法、私有方法和某些特殊方法）都必须至少有一个名为 self 的参数，并且必须是方法的第一个形参（如果有多个形参的话），self 参数代表对象自身。在实例方法中访问实例成员时需要以 self 为前缀，但在外部通过对象名调用对象方法时并不需要传递这个参数。

静态方法和类方法都可以通过类名和对象名调用，但不能直接访问属于对象的成员，只能访问属于类的成员。类方法一般以 cls 作为类方法的第一个参数表示该类自身，在调用类方法时不需要为该参数传递值，而静态方法则可以不接收任何参数。例如下面的代码：

```
>>> class Root:
    __total = 0
    def __init__(self, v):         #构造方法,特殊方法
        self.__value = v
        Root.__total += 1

    def show(self):                #普通实例方法,一般以 self 作为第一个参数的名字
        print('self.__value:', self.__value)
        print('Root.__total:', Root.__total)

    @classmethod                   #修饰器,声明类方法
```

```
        def classShowTotal(cls):              #类方法,一般以 cls 作为第一个参数的名字
            print(cls.__total)

        @staticmethod                         #修饰器,声明静态方法
        def staticShowTotal():                #静态方法,可以没有参数
            print(Root.__total)
>>> r = Root(3)
>>> r.classShowTotal()                        #通过对象来调用类方法
1
>>> r.staticShowTotal()                       #通过对象来调用静态方法
1
>>> rr = Root(5)
>>> Root.classShowTotal()                     #通过类名调用类方法
2
>>> Root.staticShowTotal()                    #通过类名调用静态方法
2
>>> Root.show()                               #试图通过类名直接调用实例方法,失败
TypeError: unbound method show() must be called with Root instance as first argument (got nothing instead)
>>> r.show()                                  #通过实例访问实例成员
self.__value: 3
Root.__total: 2
>>> Root.show(r)                              #也可以通过这种方法来调用方法并访问实例成员
self.__value: 3
Root.__total: 2
```

7.4 属性

公有数据成员可以在外部随意访问和修改,很难保证用户进行修改时提供新数据的合法性,数据很容易被破坏,并且也不符合类的封装性要求。解决这一问题的常用方法是定义私有数据成员,然后设计公有成员方法来提供对私有数据成员的读取和修改操作,修改私有数据成员时可以对值进行合

属性

法性检查,提高了程序的健壮性,保证了数据的完整性。属性是一种特殊形式的成员方法,结合了公开数据成员和成员方法的优点,既可以像成员方法那样对值进行必要的检查,又可以像数据成员一样灵活地访问。

在 Python 3.x 中,属性得到了较为完整的实现,支持更加全面的保护机制。如果设置属性为只读,则无法修改其值,也无法为对象增加与属性同名的新成员,当然也无法删除对象属性。例如:

```
>>> class Test:
    def __init__(self, value):
        self.__value = value              #私有数据成员

    @property                             #修饰器,定义属性,提供对私有数据成员的访问
    def value(self):                      #只读属性,无法修改和删除
        return self.__value

>>> t = Test(3)
>>> t.value
3
>>> t.value = 5                           #只读属性不允许修改值
AttributeError: can't set attribute
>>> del t.value                           #试图删除对象属性,失败
AttributeError: can't delete attribute
>>> t.value
3
```

下面的代码则把属性设置为可读、可修改,而不允许删除。

```
>>> class Test:
    def __init__(self, value):
        self.__value = value

    def __get(self):                      #读取私有数据成员的值
        return self.__value

    def __set(self, v):                   #修改私有数据成员的值
```

```
        self.__value = v

    value = property(__get, __set)       #可读可写属性,指定相应的读写方法

    def show(self):
        print(self.__value)

>>> t = Test(3)
>>> t.value                              #允许读取属性值
3
>>> t.value = 5                          #允许修改属性值
>>> t.value
5
>>> t.show()                             #属性对应的私有变量也得到了相应的修改
5
>>> del t.value                          #试图删除属性,失败
AttributeError: can't delete attribute
```

当然,也可以将属性设置为可读、可修改、可删除。

```
>>> class Test:
    def __init__(self, value):
        self.__value = value

    def __get(self):
        return self.__value

    def __set(self, v):
        self.__value = v

    def __del(self):                     #删除对象的私有数据成员
        del self.__value

    value = property(__get, __set, __del)    #可读、可写、可删除的属性

    def show(self):
        print(self.__value)
```

```
>>> t = Test(3)
>>> t.show()
3
>>> t.value
3
>>> t.value = 5
>>> t.show()
5
>>> t.value
5
>>> del t.value
>>> t.value                                          #相应的私有数据成员已删除,访问失败
AttributeError: 'Test' object has no attribute '_Test__value'
>>> t.show()
AttributeError: 'Test' object has no attribute '_Test__value'
>>> t.value =1                                       #动态增加属性和对应的私有数据成员
>>> t.show()
1
>>> t.value
1
```

7.5 继承

设计一个新类时,如果可以继承一个已有的、设计良好的类然后进行二次开发,可以大幅度减少开发工作量,并且可以很大程度地保证质量。在继承关系中,已有的、设计好的类称为父类或基类,新设计的类称为子类或派生类。派生类可以继承父类的公有成员,但是不能继承其私有成员。如果需要在派生类中调用基类的方法,可以使用内置函数 super() 或者通过"基类名.方法名()"的方式来实现这一目的。

例 7-1 设计 Person 类,并根据 Person 派生 Teacher 类,分别创建 Person 类与 Teacher 类的对象。

例 7-1

```python
class Person():
    def __init__(self, name='', age=20, sex='man'):
        #通过调用方法进行初始化,这样可以对参数进行更好地控制
        self.setName(name)
        self.setAge(age)
        self.setSex(sex)

    def setName(self, name):
        if not isinstance(name, str):
            raise Exception('name must be string.')
        self.__name = name

    def setAge(self, age):
        if type(age) != int:
            raise Exception('age must be integer.')
        self.__age = age

    def setSex(self, sex):
        if sex not in ('man', 'woman'):
            raise Exception('sex must be "man" or "woman"')
        self.__sex = sex

    def show(self):
        print(self.__name, self.__age, self.__sex, end='')

#派生类
class Teacher(Person):
    def __init__(self, name='', age=30, sex='man', department='Computer'):
        #调用基类构造方法,初始化基类的私有数据成员
        super(Teacher, self).__init__(name, age, sex)
        #也可以这样初始化基类的私有数据成员
        #Person.__init__(self, name, age, sex)
        #初始化派生类的数据成员
        self.setDepartment(department)

    def setDepartment(self, department):
        if type(department) != str:
```

```
            raise Exception('department must be a string.')
        self.__department = department

    def show(self):
        super(Teacher, self).show()
        print(self.__department)

if __name__ == '__main__':
    #创建基类对象
    zhangsan = Person('Zhang San', 19, 'man')
    zhangsan.show()
    print('\n', '='*30)

    #创建派生类对象
    lisi = Teacher('Li si', 32, 'man', 'Math')
    lisi.show()
    #调用继承的方法修改年龄
    lisi.setAge(40)
    lisi.show()
```

扫二维码查看源代码：

运行结果：

Zhang San 19 man

== == == == == == == == == == == == == == ==

Li si 32 man Math
Li si 40 man Math

7.6 多态

多态（polymorphism）是指基类的同一个方法在不同派生类对象中具有不同的表现和行为。派生类继承了基类的行为和属性之后，还会增加某些特定的行为和属性，同时还可能会对继承来的某些行为进行一定的改变,这都是多态的表现形式,正所谓龙生九子,子子皆不同。通过第 2 章的学习大家已经知道,Python 大多数运算符可以作用于多种不同类型的操作数,并且对于不同类型的操作数往往有不同的表现,这本身就是多态,是通过特殊方法与运算符重载实现的。下面的代码主要演示通过在派生类中重写基类方法实现多态。

```
>>> class Animal(object):              #定义基类
        def show(self):
            print('I am an animal.')

>>> class Cat(Animal):                 #派生类,覆盖了基类的 show()方法
        def show(self):
            print('I am a cat.')

>>> class Dog(Animal):                 #派生类
        def show(self):
            print('I am a dog.')

>>> class Tiger(Animal):               #派生类
        def show(self):
            print('I am a tiger.')

>>> class Test(Animal):                #派生类,没有覆盖基类的 show()方法
        Pass

>>> x = [item() for item in (Animal, Cat, Dog, Tiger, Test)]
>>> for item in x:                     #遍历基类和派生类对象并调用 show()方法
        item.show()

I am an animal.
I am a cat.
I am a dog.
I am a tiger.
I am an animal.
```

7.7 精彩例题分析与解答

例 7-2 自定义三维向量类。

```
class Vector3:
    #构造方法,初始化,定义向量坐标
    def __init__(self, x, y, z):
        self.__x = x
        self.__y = y
        self.__z = z

    #与一个向量相加
    def add(self, anotherPoint):
        x = self.__x + anotherPoint.__x
        y = self.__y + anotherPoint.__y
        z = self.__z + anotherPoint.__z
        return Vector3(x, y, z)

    #减去另一个向量
    def sub(self, anotherPoint):
        x = self.__x - anotherPoint.__x
        y = self.__y - anotherPoint.__y
        z = self.__z - anotherPoint.__z
        return Vector3(x, y, z)

    #向量与一个数字相乘
    def mul(self, n):
        x, y, z = self.__x*n, self.__y*n, self.__z*n
        return Vector3(x, y, z)

    #向量除以一个数字
    def div(self, n):
        x, y, z = self.__x/n, self.__y/n, self.__z/n
        return Vector3(x, y, z)

    #查看向量各分量的值
```

例 7-2

```
    def show(self):
        print('X:{0}, Y:{1}, Z:{2}'.format(self.__x, self.__y, self.__z))

    #查看向量长度
    @property
    def length(self):
        return (self.__x**2 + self.__y**2 + self.__z**2)**0.5

#用法演示
v = Vector3(3, 4, 5)
v1 = v.mul(3)
v1.show()
v2 = v1.add(v)
v2.show()
print(v2.length)
```

扫二维码查看源代码：

运行结果：

X:9, Y:12, Z:15
X:12, Y:16, Z:20
28.284271247461902

例 7-3　对列表进行封装，模拟栈结构的基本操作。

解析：栈是操作系统中常用的一种数据结构，其特点在于"先入后出"或"后入先出"，也就是最后进入的元素最先出栈，而最先入栈的元素最后出栈。相当于有一个直径不变的杯子，往里放入恰好刚刚能放进去的圆饼，最先放入的在下面而最后放入的在上面，往外拿的时候必须先把上面的圆饼拿出来才能拿到下面的圆饼，如图 7-3 所示。

例 7-3

```
class Stack:
    def __init__(self):
```

```
        self.__data = []

    #模拟入栈操作
    def push(self, value):
        self.__data.append(value)

    #模拟出栈操作
    def pop(self):
        if self.__data:
            return self.__data.pop()
        else:
            print('Stack is empty.')

s = Stack()
s.push(3)
s.push(5)
s.push(7)
print(s.pop())
print(s.pop())
print(s.pop())
```

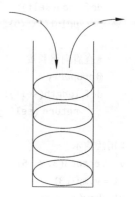

图 7-3　栈结构操作示意图

扫二维码查看源代码：

运行结果：

7
5
3

例 7-4　对列表进行封装,模拟队列结构的基本操作。

解析：队列也是常用的一种数据结构,其特点在于"先入先出"或"后入后出"。相当于有一个直径不变的管子,往里放入恰好刚刚能放进去的圆饼,最先放入的在前面,最后放入的在后面,只能从管子的前面拿出圆饼并且只能从管子的后面放入圆饼。这样的话必须把前面的圆饼先拿出来才能拿出后面的圆饼,如图 7-4 所示。

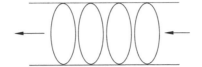

图 7-4　队列结构操作示意图

```
class Queue:
    def __init__(self):
        self.__data = []

    #模拟入队操作
    def push(self, value):
        self.__data.append(value)

    #模拟出队操作
    def get(self):
        if self.__data:
            return self.__data.pop(0)
        else:
            print('Queue is empty.')

q = Queue()
q.push(3)
q.push(5)
q.push(7)
print(q.get())
print(q.get())
print(q.get())
```

例 7-4

扫二维码查看源代码：

运行结果：

3
5
7

7.8 本章知识要点

（1）面向对象程序设计的关键是如何合理地定义类并组织多个类之间的关系。

（2）Python 并没有对私有成员提供严格的访问保护机制，在类的外部可以通过特殊的方式进行访问。

（3）属于对象的成员方法必须使用 self 作为第一个参数的名称。

（4）静态方法和类方法不属于任何对象，也不需要绑定到任何对象，在一定程度上可以减少开销。

（5）属性是一种特殊形式的成员方法，结合了公有数据成员和成员方法的优点，既可以像成员方法那样对值进行必要的检查，又可以像数据成员一样灵活地访问。

习题

1. Python 中用来定义类的关键字是_____。

2. Python 中用来定义类的成员方法的关键字是_____。

3. 判断对错：在属于对象的成员方法中不能访问属于类的数据成员。

4. 判断对错：在属于对象的公有成员方法中不能访问私有数据成员。

5. 判断对错：在自定义类中只能定义只读属性，无法通过属性来修改私有数据成员。

6. 编写程序，完善例 7-3，限制栈的大小，使得其中最多只能有 5 个元素，如果满了就给出提示并拒绝放入新元素。

第 8 章 常用算法的 Python 实现

本章主要通过大量例题来介绍解析算法、枚举算法、递推算法、递归算法、排序算法、查找算法与分治法原理以及 Python 代码的实现。

作为总体建议，在遇到实际问题时，应首先认真阅读题目并争取把握问题的核心和要点，然后使用自然语言、数学公式或程序流程图把问题准确描述出来，最后再用 Python 语言或其他自己最熟悉的语言描述出来。要注意的是，不可满足于一次或几次运行结果的正确，而是要反复验证，尽可能对所有可能的输入进行验证，直到足够多的输入和输出都能满足题目要求，如图 8-1 所示。在必要的时候可以对测试数据进行分类，这样可以减少测试数据的范围，减少测试工作量。

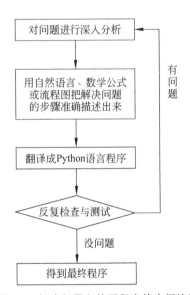

图 8-1 解决问题和编写程序的大概流程

8.1 解析算法案例分析

例 8-1 根据定义计算组合数。

解析：组合数计算公式为 $C_n^i = \dfrac{n!}{i!(n-i)!}$，其中的阶乘运算可以直接使用标准库 math 中的 factorial() 函数来完成。

8.1　解析算法

```
import math

def Cni1(n, i):
    return int(math.factorial(n) / math.factorial(i) / math.factorial(n-i))

print(Cni1(10, 6))
```

扫二维码查看源代码：

运行结果：

210

例 8-2　编写程序，计算一元二次方程的根。

解析：本例根据一元二次方程求根公式 $x = \dfrac{-b \pm \sqrt{b^2 - 4ac}}{2a}$ 进行计算。编写函数时，首先要确保接收的 3 个参数 a、b、c 都是数字，并且 a 不等于 0。另外，当 $\Delta = b^2 - 4ac$ 小于 0 时方程在实数范围内无解但在复数范围内有解，这些情况在代码中都考虑到了。

```
def root(a, b, c, highmiddle=True):
    #首先保证接收的参数 a、b、c 都是数字，并且 a 不等于 0
    #由于计算机表示实数时存在精度问题，所以不能使用==来判断实数是否为 0
    #函数的最后一个参数 highmiddle 为 True 表示高中，False 表示初中
    if not isinstance(a, (int, float, complex)) or abs(a)<1e-6:
        print('error')
        return
```

```python
        if not isinstance(b, (int, float, complex)):
            print('error')
            return
        if not isinstance(c, (int, float, complex)):
            print('error')
            return

        #d<0时无解
        d = b**2 - 4*a*c
        #根据一元二次方程求根公式进行计算
        #当d<0时,在实数域内无解,d**0.5会得到复数
        x1 = (-b+d**0.5) / (2*a)
        x2 = (-b-d**0.5) / (2*a)

        if isinstance(x1, complex):
            if highmiddle:
                #高中阶段需要考虑复数根,实部和虚部都保留3位小数
                x1 = round(x1.real, 3) + round(x1.imag, 3)*1j
                x2 = round(x2.real, 3) + round(x2.imag, 3)*1j
                return (x1,x2)
            else:
                #初中阶段只考虑实数根
                return 'no answer'

        #如果是实数根,保留3位小数
        return (round(x1,3), round(x2,3))

r = root(1, 2, 4)
if isinstance(r, tuple):
    print('x1={0[0]}\nx2={0[1]}'.format(r))
```

扫二维码查看源代码:

运行结果:

x1=(-1+1.732j)
x2=(-1-1.732j)

例 8-3 并联电路的电阻计算。

解析：根据并联电路电阻的计算公式 $\frac{1}{R}=\frac{1}{R_1}+\frac{1}{R_2}+\frac{1}{R_3}+\cdots+\frac{1}{R_n}$，编写下面的代码。

```
def compute(lst):
    r = sum(map(lambda x:1/x, lst))
    return round(1/r, 3)

print(compute([50, 30, 20]))
```

扫二维码查看源代码：

运行结果：

9.677

例 8-4 根据公式计算圆的面积。

解析：根据圆的面积计算公式 $S=\pi\times r^2$，编写函数，参数为半径，返回值为圆的面积。

```
from math import pi as PI

def circleArea(r):
    if isinstance(r, (int, float)):    #确保接收的参数为数值
        return PI * r * r
    else:
        return '半径必须是数值'

print(circleArea(3))
```

扫二维码查看源代码：

运行结果：

28.274333882308138

例 8-5 已知三角形的两个边长和夹角角度，计算第三边长。

解析：根据余弦定理 $c^2=a^2+b^2-2ab\cos C$ 来编写代码，其中的余弦可以使用标准库 math 提供的函数 cos() 来计算，不过 cos() 函数接收的参数是弧度而不是角度，所以如果输入的夹角是度数，需要先对参数进行转换。

```python
from math import cos, pi

def thirdLength(a, b, C):
    C = C/180 * pi                    #把角度转换为弧度，也可以使用 math.degrees()函数
    return (a**2+b**2- 2*a*b*cos(C))**0.5

print(thirdLength(3, 4, 90))
```

扫二维码查看源代码：

运行结果：

5.0

例 8-6 编写程序，执行后用户输入摄氏温度，由程序转换为华氏温度并输出。

解析：本例根据摄氏温度到华氏温度的转换公式 $F=1.8C+32$ 来编写代码。代码中用到了异常处理结构来避免输入非数字时可能会出现的错误。

```python
C = input('请输入摄氏温度:')
```

```
try:
    F = float(C) * 1.8 + 32
    print(F)
except:
    print('输入不合法')
```

扫二维码查看源代码：

运行结果：

请输入摄氏温度：36.5
97.7

8.2 枚举算法案例分析

例 8-7 输出由 1、2、3、4 这 4 个数字组成的每位上的数字都不相同的所有三位数。

解析：标准库 itertools 提供了一个排列函数 permutations()，它可以用来返回从 n 个元素中任选 i 个元素组成的所有排列，把这些排列转换为数字输出即可。

8.2 枚举算法

```
from itertools import permutations

def demo(digits, num):
    for item in permutations(digits, num):
        print(int(''.join(map(str, item))), end=',')

demo((1, 2, 3, 4), 3)
```

扫二维码查看源代码：

运行结果：

123,124,132,134,142,143,213,214,231,234,241,243,312,
314,321,324,341,342,412,413,421,423,431,432,

例 8-8 编写函数，接收一个正偶数为参数，输出两个素数，并且这两个素数之和等于原来的正偶数。如果存在多组符合条件的素数，则全部输出。

解析：首先编写一个函数 IsPrime() 用来判断一个数是否为素数，然后再编写一个函数 demo() 用来把给定数字 n 拆分成两个数字的和，调用 IsPrime() 函数判断这两个数字是否都为素数，如果是则输出这两个数。

```
def IsPrime(p):
    if p == 2 or p == 3:                    #2 和 3 是素数，直接返回
        return True
    if p%2 == 0:                            #除 2 之外的其他偶数都不是素数，直接返回
        return False
    for i in range(3, int(p**0.5)+1, 2):    #检查 3~p 的平方根之内有没有 p 的因数
        if p%i == 0:
            return False                    #如果有因数，则 p 不是素数
    return True                             #如果没有因数，则 p 是素数

def demo(n):
    if isinstance(n, int) and n>0 and n%2==0:
        for i in range(2, n//2+1):
            if IsPrime(i) and IsPrime(n-i):
                print(i, '+', n-i, '=', n)

demo(30)
```

扫二维码查看源代码：

运行结果：

7 + 23 = 30
11 + 19 = 30
13 + 17 = 30

例 8-9 编写程序，输出所有 3 位水仙花数。

解析：所谓水仙花数是指一个 n 位的十进制数，其各位数字的 n 次方和恰好等于该数本身。例如，153 是水仙花数，因为 $153=1^3+5^3+3^3$。

```
for i in range(100, 1000):
    bai, shi, ge = map(int, str(i))
    if ge**3+ shi**3+ bai**3 == i:
        print(i)
```

扫二维码查看源代码：

运行结果：

153
370
371
407

例 8-10 编写程序寻找指定位数的黑洞数。

解析：黑洞数是指这样的整数：由这个数字每位上的数字组成的最大数减去每位数字组成的最小数仍然得到这个数自身。例如，3 位黑洞数是 495，因为 954- 459= 495，4 位黑洞数是 6174，因为 7641- 1467= 6174。

```
def main(n):
    '''参数 n 表示数字的位数，例如，n=3 时返回 495,n=4 时返回 6174'''
```

```
#待测试数范围的起点和结束值
start = 10**(n-1)
end = 10**n
#依次测试每个数
for i in range(start, end):
    #由这几个数字组成的最大数和最小数
    big = ''.join(sorted(str(i),reverse=True))
    little = ''.join(reversed(big))
    big, little = map(int,(big, little))
    if big-little == i:
        print(i)

n = 4
main(n)
```

扫二维码查看源代码：

运行结果：

6174

例8-11 啤酒问题。一位酒商共有5桶葡萄酒和1桶啤酒，6个桶的容量分别为30升、32升、36升、38升、40升和62升，并且只卖整桶酒，不零卖。第一位顾客买走了2整桶葡萄酒，第二位顾客买走的葡萄酒是第一位顾客的2倍。那么，本来有多少升啤酒？

解析：由于该酒商只卖整桶酒，简单分析几个桶的容量可知，第二位顾客必须买走3桶葡萄酒才有可能是第一位顾客的2倍，剩余的一桶是啤酒。假设第一位顾客买走的葡萄酒共L升，那么第二位顾客买走的是2L升。也就是说，葡萄酒的总数应该能被3整除。

```
from itertools import combinations
```

```
def func(values):
    result = set()
    for beer in values:
        rest = values-{beer}
        #第一个人买的两桶葡萄酒,所有可能的组合
        for wine in combinations(rest, 2):
            #剩下的葡萄酒是第一个人购买的2倍
            if sum(rest) == 3*sum(wine):
                #一种可能的解
                result.add(beer)
                break
    return result

buckets = {30, 32, 36, 38, 40, 62}
print(func(buckets))
```

扫二维码查看源代码:

运行结果:

{40}

8.3 递推算法案例分析

例 8-12 使用递推法计算阶乘。

解析:根据阶乘的定义式 $n!=1\times2\times3\times\cdots\times(n-1)\times n$,可以写出阶乘的递推计算代码。

```
def fac(n):
    result = 1
    for i in range(1, n+1):
```

8.3 递推算法

```
        result *= i
    return result

print(fac(6))
```

扫二维码查看源代码:

运行结果:

720

例 8-13 使用递推法计算组合数。

解析:把组合数的定义展开并化简,可以发现其中隐藏的规律。以 Cni(8,3)为例,$Cni(8,3)=\dfrac{8!}{3!\times(8-3)!}=\dfrac{8\times7\times6\times5\times4\times3\times2\times1}{(3\times2\times1)\times(5\times4\times3\times2\times1)}=\dfrac{8\times7\times6}{3\times2\times1}$。化简前,对于(5,8]区间的数,分子上出现一次而分母上没出现;(3,5]区间的数在分子、分母上各出现一次;[1,3]区间的数分子上出现一次而分母上出现两次。根据这一规律,可以编写如下非常高效的组合数计算程序。

```
def Cni2(n,i):
    if not (isinstance(n,int) and isinstance(i,int) and n>=i):
        print('n 和 i 必须为数字,并且 n>=i')
        return
    result = 1
    Min, Max = sorted((i, n-i))
    for i in range(n, 0, -1):
        if i > Max:
            result *= i
        elif i <= Min:
            result //= i
    return result
```

```
print(Cni2(6, 2))
```

扫二维码查看源代码：

运行结果：

15.0

例 8-14 使用递推算法求解爬楼梯问题。假设一段楼梯共 15 个台阶，小明一步最多能上 3 个台阶，那么小明上这段楼梯一共有多少种方法？

解析：从第 15 个台阶上往回看，有 3 种方法可以上来（从第 14 个台阶上一步迈 1 个台阶上来，从第 13 个台阶上一步迈 2 个台阶上来，从第 12 个台阶上一步迈 3 个台阶上来），同理，第 14、13、12 个台阶都可以这样推算，从而得到递推公式 $f(n) = f(n-1) + f(n-2) + f(n-3)$，其中 $n = 15, 14, 13, \cdots, 5, 4$。通过简单计算可以知道，第一个台阶只有 1 种上法，第二个台阶有 2 种上法（一步迈 2 个台阶上去、一步迈 1 个台阶分两步上去），第三个台阶有 4 种上法（一步迈 3 个台阶上去、一步 2 个台阶+一步 1 个台阶、一步 1 个台阶+一步 2 个台阶、一步迈 1 个台阶分三步上去）。

```
def climbStairs1(n):
    #递推法
    a = 1
    b = 2
    c = 4
    for i in range(n-3):
        c, b, a = a+b+c, c, b
    return c
print(climbStairs1(15))
```

扫二维码查看源代码：

运行结果：

5768

8.4 递归算法案例分析

例 8-15　使用递归算法求解爬楼梯问题。假设一段楼梯共 15 个台阶，小明一步最多能上 3 个台阶，那么小明上这段楼梯一共有多少种方法？

解析：问题分析请查看例 8-14。

```
def climbStairs2(n):
    #递归法
    first3 = {1:1, 2:2, 3:4}
    if n in first3.keys():
        return first3[n]
    else:
        return climbStairs2(n-1) + climbStairs2(n-2) + climbStairs2(n-3)

print(climbStairs2(15))
```

例 8-15

扫二维码查看源代码：

运行结果：

5768

例 8-16 汉诺塔问题。

解析:据说古代有一个梵塔,塔内有 3 个底座 A、B、C,A 座上有 64 个盘子,盘子大小不等,大的在下,小的在上。有一个和尚想把这 64 个盘子从 A 座移到 C 座,但每次只能允许移动一个盘子。在移动盘子的过程中可以利用 B 座,但任何时刻 3 个座上的盘子都必须始终保持大盘在下、小盘在上的顺序,如图 8-2～图 8-5 所示。如果只有一个盘子,则不需要利用 B 座,直接将盘子从 A 移动到 C 即可。和尚想知道这项任务的详细移动步骤和顺序。这实际上是一个非常巨大的工程,是一个不可能完成的任务。根据数学知识我们可以知道,移动 n 个盘子需要 2^n-1 步,64 个盘子需要 18 446 744 073 709 551 615 步。如果每步需要 1 秒的话,那么就需要 584 942 417 355.072 年才能完成。

例 8-16 和例 8-17

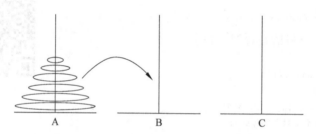

图 8-2 汉诺塔问题示意图(初始状态)

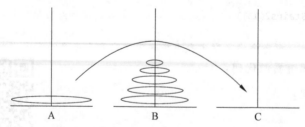

图 8-3 移动 A 座上面的 $n-1$ 个盘子到 B 座,可以借助 C 座

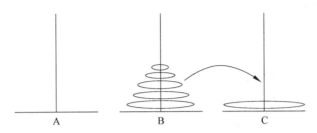

图 8-4　移动 A 座上最下面的一个盘子到 C 座

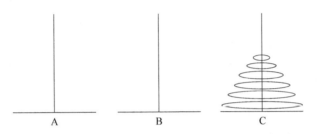

图 8-5　移动 B 座的 $n-1$ 个盘子到 C 座,可以借助 A 座

```
def hannoi(num, src, dst, temp=None):
    #声明用来记录移动次数的变量为全局变量
    global times
    #确认参数类型和范围
    assert type(num)==int, 'num must be integer'
    assert num > 0, 'num must > 0'
    #只剩最后或只有一个盘子需要移动,这也是函数递归调用的结束条件
    if num == 1:
        print('The {0} Times move:{1}==>{2}'.format(times, src, dst))
        times += 1
    else:
        #递归调用函数自身,
        #先把除最后一个盘子之外的所有盘子移动到临时座上
        hannoi(num-1, src, temp, dst)
        #把最后一个盘子直接移动到目标座上
        hannoi(1, src, dst)
        #把临时座上的盘子移动到目标座上
```

```
        hannoi(num-1, temp, dst, src)

#用来记录移动次数的变量
times = 1
#A表示最初放置盘子的底座,C是目标底座,B是临时底座
hannoi(3, 'A', 'C', 'B')
```

扫二维码查看源代码:

运行结果:

The 1 Times move:A==>C
The 2 Times move:A==>B
The 3 Times move:C==>B
The 4 Times move:A==>C
The 5 Times move:B==>A
The 6 Times move:B==>C
The 7 Times move:A==>C

例 8-17 使用递归法计算整数的阶乘。

解析：阶乘定义式 $n! = n \times (n-1) \times (n-2) \times (n-3) \times \cdots \times 2 \times 1$，可以写成 $n! = n \times (n-1)!$，根据这个式子可以写出阶乘的递归计算代码。在编写递归代码时要注意的问题是，一定要准确控制递归结束的条件和时机。

```
def fac(n):
    if n == 1:
        return 1
    else:
        return n * fac(n-1)

print(fac(6))
```

扫二维码查看源代码：

运行结果：

720

例 8-18　使用递归法计算组合数。

解析：根据帕斯卡三角形公式 $C_n^i = C_{n-1}^i + C_{n-1}^{i-1}$，很容易写出递归法的组合数计算代码。

```
def cni(n, i):
    if n ==i or i ==0:
        return 1
    return cni(n-1, i) + cni(n-1, i-1)

print(cni(7, 5))
```

例 8-18、例 8-19 和例 8-20

扫二维码查看源代码：

运行结果：

21

例 8-19　计算斐波那契数列第 n 项的数字。

解析：根据斐波那契数列的公式 fib(n)=fib(n-1)+fib(n-2)，其中数列的开头两个数字都是1，后面的每个数字都是其相邻的前两个数字之和，也就是1、1、2、3、5、8…

```
def fib(i):
```

```
        if i<3:
            return 1
        return fib(i-1) + fib(i-2)

print(fib(8))
```

扫二维码查看源代码：

运行结果：

21

例8-20 在棋盘上收集奖品。假设有一个 6×6 的棋盘,每个格子里有一个奖品(每个奖品的价值在 100～1000 元),现在要求从左上角开始到右下角结束,每次只能往右或往下走一个格子,所经过的格子里的奖品归自己所有。问最多能收集价值多少的奖品?

解析：在本例中,使用列表来模拟这个 6 行 6 列的棋盘,并在每个格子里生成一个 100～1000 的随机数作为奖品价值,如图 8-6 所示。使用 $f[m][n]$ 表示从左上角走到 m 行 n 列所有路径中收集的奖品最大值,使用 $values[m][n]$ 表示第 m 行 n 列的格子里奖品的价值,那么应该有

$$f[m][n]=\max(f[m-1][n],f[m][n-1])+values[m][n]$$

也就是说,要想走到 m 行 n 列的格子,要么是从左边的格子走过来,要么是从上边的格子里走过来,在这两个路径中选取一个总奖品最大

364	674	305	122	756	593
178	326	451	678	118	607
692	401	952	898	878	509
348	755	820	828	896	771
532	247	233	480	880	226
240	620	913	797	236	834

图 8-6 包含随机奖品价值的棋盘

值作为结果路径。然后从右下角到左上角倒着推回去,使用递归算法很容易解决这个问题。

```python
from random import randrange

def generateRandomValues(m, n):
    #生成含有随机奖品价值的 m×n 棋盘
    values = [[randrange(100, 1000) for i in range(m)] for j in range(n)]
    return values

def maxValues(values, m, n):
    #使用递归算法计算总奖品最大值
    #如果位置不在表格范围之内,返回 0
    if m< 0 or n< 0:
        return 0
    else:
        #否则,返回前两个位置所在路径的最大总奖品价值和当前位置奖品的和
        return max(maxValues(values, m-1, n),
                   maxValues(values, m, n-1)) + values[m][n]

def output(values, n):
    #打印表格
    formatter = '----' * n+'\n|'
    for i in range(n):
        formatter += '{0['+str(i)+']}|'
    for item in values:
        print(formatter.format(item))
    print('----' * n)

n = 6
values = generateRandomValues(n, n)
output(values, n)
print(maxValues(values, n-1, n-1))
```

扫二维码查看源代码：

运行结果：由于每次运行时格子里的数字都是随机产生的，所以结果并不完全一样，对于图 8-6 中的棋盘，输出结果为 7389。

8.5 分治法原理简介

分治法的核心思想：把一个大的问题拆分成若干规模较小但是性质相同的问题，然后分别解决这些小规模的问题，如果问题规模仍然较大而难以求解，就继续拆分成规模更小的问题。当拆分到一定程度以后，问题会变得非常容易解决，解决了所有这些小规模问题之后，原来的大问题也就解决了。

前面几节介绍过的汉诺塔、组合数的递归计算方法都是分治法的应用，接下来两节中的快速排序算法和二分法查找算法更是分治法的经典应用，请参考有关内容的介绍来进一步理解分治法的思想。

8.6 排序算法案例分析

例 8-21　编写程序，使用选择法对列表中的元素进行排序。

解析：选择法每次扫描并找到剩余元素中的最大值或最小值然后与当前位置的元素进行交换，直到不再有剩余元素。本例中定义的函数使用了默认值参数，如果不给 reverse 传递实参则默认表示升序排序；如果给 reverse 传递 True 则表示降序排序，这与 Python 内置函数 sorted() 和列表对象的 sort() 方法的用法是一致的。

例 8-21

```
def selectSort(lst, reverse=False):
    length = len(lst)
    for i in range(0, length):
        #假设剩余元素中第一个最小或最大
        m = i
        #扫描剩余元素
        for j in range(i+1, length):
            #如果有更小或更大的,就记录下它的位置
            exp = 'lst[j] < lst[m]'
            if reverse:
                exp = 'lst[j] > lst[m]'
            #内置函数 eval()用来对字符串进行求值
            if eval(exp):
                m = j
        #如果发现更小或更大的,就交换值
        if m != i:
            lst[i], lst[m] = lst[m], lst[i]
        print(lst)

lst = [1, 3, 5, 2, 4, 9]
print(lst,'\n')
selectSort(lst)
```

扫二维码查看源代码:

运行结果:

[1, 3, 5, 2, 4, 9]

[1, 3, 5, 2, 4, 9]
[1, 2, 5, 3, 4, 9]
[1, 2, 3, 5, 4, 9]
[1, 2, 3, 4, 5, 9]
[1, 2, 3, 4, 5, 9]
[1, 2, 3, 4, 5, 9]

例8-22 编写程序,使用冒泡法对列表中的元素进行排序。

解析：冒泡法的本质是多次扫描列表中的元素,在每次扫描过程中依次比较相邻的两个元素,如果这两个元素的顺序和预期的不一样就进行交换。

```
from random import randint

def bubbleSort(lst, reverse=False):
    length = len(lst)
    for i in range(0, length):
        flag = False
        for j in range(0, length-i-1):
            #比较相邻的两个元素大小,并根据需要进行交换
            #默认升序排序
            exp = 'lst[j] > lst[j+1]'
            #如果 reverse=True 则降序排序
            if reverse:
                exp = 'lst[j] < lst[j+1]'
            if eval(exp):
                lst[j], lst[j+1] = lst[j+1], lst[j]
                #flag=True 表示本次扫描发生过元素交换
                flag = True
        #如果一次扫描结束后,没有发生过元素交换,说明已经按序排列
        if not flag:
            break

lst = [randint(1, 100) for i in range(20)]
print('Before sorted:\n', lst)
bubbleSort(lst, True)
print('After sorted:\n', lst)
```

例 8-22

扫二维码查看源代码：

运行结果：由于列表中的数字是随机产生的,每次运行结果并不完全一样,某次运行结果为

Before sorted:
 [7, 39, 27, 78, 42, 39, 68, 66, 19, 86, 78, 12, 27, 82, 26, 63, 81, 9, 4, 58]

After sorted:
[86, 82, 81, 78, 78, 68, 66, 63, 58, 42, 39, 39, 27, 27, 26, 19, 12, 9, 7, 4]

例 8-23 编写程序,使用快速排序算法对列表中的元素进行排序。

解析:快速排序算法是分治法的经典应用,首先选择一个元素,以该元素为分界点(或支点)把原来的所有元素分成两部分,前面的一部分小于或等于该元素的值,后面的一部分大于该元素的值,对得到的两部分重复上面的过程,直到每个部分都排好序。

例 8-23

```
from random import randint

def quickSort(x, start, end):
    if start >= end:
        return

    i = start
    j = end
    #使用第一个元素作为枢点
    key = x[start]

    while i < j:
        #从后向前寻找第一个比指定元素小的元素
        while i<j and x[j]>=key:
            j -= 1
        x[i] = x[j]

        #从前向后寻找第一个比指定元素大的元素
        while i<j and x[i]<=key:
            i += 1
        x[j] = x[i]

    x[i] = key
    quickSort(x, start, i-1)
    quickSort(x, i+1, end)
```

```
lst = [randint(1, 1000) for i in range(10)]
print(lst)
quickSort(lst, 0, len(lst)-1)
print(lst)
```

扫二维码查看源代码：

运行结果：由于列表中的数字是随机产生的，每次运行结果并不完全一样，某次运行结果为

[989, 608, 734, 822, 73, 789, 892, 824,107, 300]
[73, 107, 300, 608, 734, 789, 822, 824, 892, 989]

8.7 查找算法案例分析

例 8-24 编写程序，使用顺序查找法判断列表中是否存在给定的元素，如果存在就返回它在列表中的位置（索引），否则返回"not exists."。

解析：所谓顺序查找，就是从头到尾遍历列表中的所有元素，如果遇到某个元素与给定的元素相等则认为列表中存在该元素并且返回其在列表中首次出现的索引，如果列表中所有元素都遍历结束后仍没有元素与给定的元素相等，则返回−1表示列表中不存在该元素。

```
def seqSearch(lst, item):
    for index, value in enumerate(lst):
        if value == item:
            return index
    return -1

lst = list(range(1, 100, 2))
pos = seqSearch(lst, 3)
if pos != -1:
```

```
        print(pos)
else:
        print('not exists.')
```

扫二维码查看源代码：

运行结果：

1

例 8-25 编写程序，使用二分法查找列表中是否存在某个元素。

解析：二分法查找算法非常适合在大量元素中查找指定的元素，要求序列已经排好序（这里假设按从小到大排序）。首先测试中间位置上的元素是否为想查找的元素，如果是则结束算法；如果序列中间位置上的元素比要查找的元素小，则在序列的后面一半元素中继续查找；如果中间位置上的元素比要查找的元素大，则在序列的前面一半元素中继续查找。重复上面的过程，不断地缩小搜索范围，直到查找成功或者失败（要查找的元素不在序列中）。

```
def binarySearch(lst, value):
    start = 0
    end = len(lst)
    while start <= end:
        #计算中间位置
        middle = (start + end) // 2
        #查找成功,返回元素对应的位置
        if value == lst[middle]:
            return middle
        #在后面一半元素中继续查找
        elif value > lst[middle]:
            start = middle + 1
        #在前面一半元素中继续查找
        elif value < lst[middle]:
```

例 8-25

```
            end = middle - 1
    #查找不成功,返回False
    return -1
from random import randint

lst = [randint(1,50) for i in range(20)]
#首先对列表进行排序,然后才能使用二分法查找
lst.sort()
print(lst)
result = binarySearch(lst, 30)
if result != -1:
    print('Success, its position is:',result)
else:
    print('Fail. Not exist.')
```

扫二维码查看源代码:

运行结果:由于列表中的数字是随机产生的,每次运行结果并不完全一样,某次运行结果为

[3, 4, 6, 8, 12, 14, 16, 23, 24, 26, 27, 28, 30, 31, 34, 36, 36, 36, 38, 47]
Success, its position is: 12

8.8 本章知识要点

(1) 使用解析算法解决问题时,首先要写出问题的准确求解公式。

(2) 枚举算法在问题规模较大时效率很低。

(3) 递推和递归算法的设计要点在于寻找问题的本质和规律。

(4) 二分法查找虽然效率很高,但是要求所有元素已经按序排列。

习题

1. 重做例 8-1,先对组合数的定义式进行化简,约去分子和分母上共同的数,然后根据化简后的式子编写程序分别计算分子和分母的值再相除实现组合数的计算,不能和例 8-13 的思路一样。

2. 重做例 8-3,首先对并联电路电阻计算公式进行整理,得到类似于 $R = \cdots$ 这样形式的式子,然后根据整理后的式子编写程序实现并联电路电阻的计算。

3. 重做例 8-4,要求在函数中增加对参数进行检查,参数 r 必须大于 0,否则返回字符串'半径必须是大于 0 的数字'。

4. 重做例 8-5,要求使用标准库 math 中的函数 radians() 实现角度到弧度的转换。

5. 重做例 8-9,要求编写一个函数,该函数接收一个正整数参数 n,输出所有 n 位水仙花数。然后编写程序调用这个函数。

6. 练习例 8-18,使用更大整数进行测试,会发现什么问题?有什么办法可以解决吗?

7. 阅读下面的程序,写出运行结果:_____。

```
def fibo(n):
    data = [1, 1]
    for i in range(n-2):
        data.append(data[-1]+data[-2])
    return data[-1]

print(fibo(8))
```

第 9 章

SQLite 数据库编程基础

本章重点介绍 SQLite 数据库的简单使用与常用 SQL 语句的语法,最后通过两个完整的例题来介绍使用 Python 标准库 sqlite3 对 SQLite 数据库的操作。

9.1 SQLite 数据库简介

数据库技术的发展为各行各业都带来了很大方便,数据库不仅支持各类数据的长期保存,更重要的是支持各种跨平台、跨地域的数据查询、共享和修改,极大方便了人们的生活和工作。电子邮箱、金融行业、聊天系统、各类网站、办公自动化系统、各种管理信息系统以及论坛、社区等,都少不了数据库技术的支持。

SQLite 是内嵌在 Python 中的轻量级、基于磁盘文件的数据库管理系统,不需要安装和配置服务器,支持使用 SQL 语句来访问数据库。该数据库使用 C 语言开发,支持大多数 SQL91 标准,支持原子的、一致的、独立的和持久的事务,不支持外键限制;通过数据库级的独占性和共享锁定来实现独立事务,当多个线程同时访问同一个数据库并试图写入数据时,每一时刻只有一个线程可以写入数据。

SQLite 支持最大 140TB(1TB=2^{40}B)的单个数据库,每个数据库完全存储在单个磁盘文件中,一个数据库就是一个文件,通过直接复制数据库文件就可以实现备份。如果需要使用可视化管理工具来操作 SQLite 数据库,可以使用 SQLiteManager、SQLite Database Browser 或其他类似工具。

许多 SQL 数据库引擎使用静态、严格的数据类型，每个字段只能存储指定类型的数据，而 SQLite 则使用更加通用的动态类型系统。SQLite 的动态类型系统兼容静态类型系统的数据库引擎，每种数据类型的字段都可以支持多种类型的数据。在 SQLite 数据库中，主要有以下几种数据类型（或者说是存储类别）。

（1）NULL：值为一个 NULL 空值。

（2）INTEGER：值被标识为整数，依据值的大小可以存储为 1、2、3、4、6 或 8 字节。

（3）REAL：所有值都是浮点数值，被存储为 8 字节的 IEEE 浮点数。

（4）TEXT：值为文本字符串，使用数据库编码存储，如 UTF-8、UTF-16-BE 或 UTF-16-LE。

（5）BLOB：值是数据的二进制对象，如何输入就如何存储，不改变格式。

9.2　Python 标准库 sqlite3 简介

Python 标准库 sqlite3 提供了 SQLite 数据库访问接口，连接数据库之后可以使用 SQL 语句对数据进行增、删、改、查等操作。下面的代码简单演示了 sqlite3 模块的用法，关于更多 SQL 语句的用法参考 9.3 节。

```
>>> import sqlite3
>>> conn = sqlite3.connect('test.db')              #连接或创建数据库
>>> cur = conn.cursor()                            #创建游标
>>> cur.execute('CREATE TABLE tableTest(field1 numeric, field2text)')
                                                   #创建数据表
<sqlite3.Cursor object at 0x000001C7AB3B43B0>
>>> data = zip(range(5), 'abcde')
>>> cur.executemany('INSERT INTO tableTest values(?,?)', data)
                                                   #插入多条记录
<sqlite3.Cursor object at 0x000001C7AB3B43B0>
>>> cur.execute('SELECT * FROM tableTest ORDER BY field1 DESC')
                                                   #查询记录
```

```
<sqlite3.Cursor object at 0x000001C7AB3B43B0>
>>> for rec in cur.fetchall():
    print(rec)

(4, 'e')
(3, 'd')
(2, 'c')
(1, 'b')
(0, 'a')
```

9.3 常用 SQL 语句

目前有很多成熟的数据库管理系统,例如 SQL Server、Oracle、MySQL、Sybase 等,这些数据库管理系统所支持的 SQL 语句基本上都遵循同样的规范,但是在具体实现上仍略有区别。本节重点介绍 SQL 语句的通用语法,其中 SQL 关键字或函数使用大写单词表示。

1. 创建数据表

可以使用 CREATE TABLE 语句来创建数据表,并指定所有字段的名字、类型、是否允许为空以及是否为主键。

```
CREATE TABLE tablename(col1 type1 [NOT NULL] [PRIMARY KEY],col2 type2 [NOT NULL],
…)
```

2. 删除数据表

```
DROP TABLE tablename
```

3. 插入记录

可以使用 INSERT INTO 往数据表中插入记录,同时设置指定字段的值。

```
INSERT INTO tablename(field1,field2) VALUES(value1,value2)
```

4. 查询记录

（1）从指定的数据表中查询并返回字段 field1 大于 value1 的那些记录的所有字段：

```
SELECT * FROM tablename WHERE field1>value1
```

（2）模糊查询，返回字段 field1 中包含字符串 value1 的那些记录的 3 个字段：

```
SELECT field1,field2,field3 FROM tablename WHERE field1 LIKE '%value1%'
```

（3）查询并返回字段 field1 的值介于 value1 和 value2 之间的那些记录的所有字段：

```
SELECT * FROM tablename WHERE field1 BETWEEN value1 AND value2
```

（4）查询并返回所有记录所有字段，按字段 field1 升序、field2 降序排列：

```
SELECT * FROM tablename ORDER BY field1,field2 DESC
```

（5）查询并返回数据表中所有记录总数：

```
SELECT COUNT(*) AS totalcount FROM tablename
```

（6）对数据表中指定字段 field1 的值进行求和：

```
SELECT SUM(field1) AS sumvalue FROM tablename
```

（7）对数据表中指定字段 field1 的值求平均：

```
SELECT AVG(field1) AS avgvalue FROM tablename
```

（8）对数据表中指定字段 field1 的值求最大值、最小值：

```
SELECT MAX(field1) AS maxvalue FROM tablename
SELECT MIN(field1) AS minvalue FROM tablename
```

(9) 查询并返回数据表中符合条件的前10条记录：

SELECT TOP 10 * FROM tablename WHERE field1 LIKE '%value1%' ORDER BY field1

上面这条 SQL 语句适用于大多数关系数据库，但不适用于 SQLite 数据库，访问 SQLite 数据库时应将其改为

SELECT * FROM tablename WHERE filed1 LIKE '%value1%' ORDER BY filed1 LIMIT 10

5. 更新记录

可以使用 UPDATE 语句来更新数据表中符合条件的那些记录指定字段的值，如果不指定条件则默认把所有记录的指定字段都修改为指定的值。

UPDATE tablename SET field1=value1 WHERE field2=value2

6. 删除记录

可以使用 DELETE 语句来删除符合条件的记录，如果不指定条件则默认删除数据表中的所有记录。

DELETE FROM tablename WHERE field1=value1

9.4 精彩例题分析与解答

例 9-1 批量 Excel 文件中的数据快速导入 SQLite 数据库。

解析：下面的第一个函数 generateRandomData()用来生成50个 Excel 2007⁺ 文件，文件名分别为 0.xlsx、1.xlsx、2.xlsx、3.xlsx、…、48.xlsx、49.xlsx，每个文件中有若干行（小于100 000 的随机数）信息，每行有5列，每列有30个随机字符。第二个函数 eachXlsx()是用来读取并返回每个 Excel 文件所有数据的函数。第三个函数 xlsx2sqlite()用来把所有 Excel 文件中的数据导入 SQLite 数据库，其中在

executemany() 函数中用到了第二个函数。另外，本例代码要求先使用 SQLite Database Browser 或类似工具创建 SQLite 数据库文件 database.db，其中有个名为 fromxlsx 的数据表，并有 a、b、c、d、e 这 5 个 TEXT 类型的字段。

```python
from random import choice, randrange
from string import digits, ascii_letters
from os import listdir, mkdir
from os.path import isdir
import sqlite3
from time import time
from openpyxl import Workbook, load_workbook

def generateRandomData():
    #如果不存在 xlsxs 文件,就创建一个
    if not isdir('xlsxs'):
        mkdir('xlsxs')
    #全局变量 total 表示记录总条数
    global total
    #所有大小写英文字母和数字
    characters = digits+ascii_letters
    for i in range(50):
        #生成的 Excel 文件名,要求当前文件夹中已有子文件夹 xlsxs
        xlsName = 'xlsxs\\'+str(i)+'.xlsx'
        #随机数,每个 xlsx 文件的行数不一样
        totalLines = randrange(100000)
        #创建 Excel 工作簿和工作表
        wb = Workbook()
        ws = wb.worksheets[0]
        #写入表头
        ws.append(['a', 'b', 'c', 'd', 'e'])
        #随机数据,每行 5 个字段,每个字段 30 个字符
        for j in range(totalLines):
            #列表生成器,生成 5 个字符串,每个字符串 30 个随机字符
            line = [''.join((choice(characters) for ii in range(30)))
                    for jj in range(5)]
            #在 Excel 工作表中增加一行,并插入上面的 5 个字符串
```

例 9-1（1）

```python
            ws.append(line)
            total += 1
    #保存 xlsx 文件
    wb.save(xlsName)

#针对每个 xlsx 文件的生成器,每次调用函数时返回一行数据
def eachXlsx(xlsxFn):
    #打开 Excel 文件,并获取下标为 0 的第一个工作表
    wb = load_workbook(xlsxFn)
    ws = wb.worksheets[0]
    #遍历 Excel 文件的所有行
    for index, row in enumerate(ws.rows):
        #忽略表头,下标为 0 的第一行不读取
        if index == 0:
            continue
        #返回一行数据
        yield tuple(map(lambda x:x.value, row))

#导入
def xlsx2sqlite():
    #获取所有 xlsx 文件
    xlsxs = ('xlsxs\\'+fn for fn in listdir('xlsxs'))
    #连接数据库,创建游标
    conn = sqlite3.connect('database.db')
    cur = conn.cursor()
    for xlsx in xlsxs:
        #批量导入,减少提交事务的次数,可以提高速度
        sql = 'INSERT INTO fromxlsx VALUES(?,?,?,?,?)'
        cur.executemany(sql, eachXlsx(xlsx))
        conn.commit()

total = 0

generateRandomData()

start = time()
xlsx2sqlite()
```

例 9-1(2)

```
delta = time()-start
print('导入用时:', delta)
print('导入速度(条/秒):', total/delta)
```

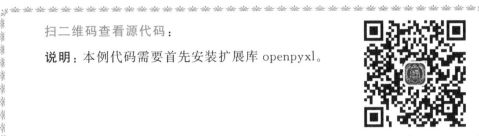

扫二维码查看源代码：

说明：本例代码需要首先安装扩展库 openpyxl。

例 9-2　无界面版简易通讯录，使用 SQLite 数据库存储数据，每个人的记录包含姓名、性别、年龄、部门名称、手机号和 QQ 号这几个字段。

解析：首先使用 SQLite Database Browser 创建 SQLite 数据库 data.db，然后创建一个数据表 addressList，最后在数据表 addressList 中创建字段 id（INTEGER PRIMARY KEY 类型）、name（TEXT 类型）、sex（TEXT 类型）、age（NUMERIC 类型）、department（TEXT 类型）、telephone（TEXT 类型）和 qq（TEXT 类型）。然后编写下面的程序，运行后根据不同的命令进入查看、删除、增加等不同的功能或退出程序。

例 9-2

```
import sqlite3

def menu():
    '''本函数用来显示主菜单'''
    usage = ('\tL/l: List all the information.',
             '\tD/d: Delete the information of certain people.',
             '\tA/a: Add new information for a new people',
             '\tQ/q: Exit the system.',
             '\tH/h: Help, view all commands.')
    print('Main menu'.center(70, '='))
    for u in usage:
        print(u)
```

```python
def doSql(sql):
    '''用来执行 SQL 语句,尤其是 INSERT 和 DELETE 语句'''
    conn = sqlite3.connect('data.db')
    cur = conn.cursor()
    cur.execute(sql)
    conn.commit()
    conn.close()

def add():
    '''本函数用来接收用户输入,检查格式,然后插入数据库'''
    print('Add records'.center(70, '='))

    #获取输入,只接收正确格式的数据
    while True:
        record = input('Please input name, sex, age, department, telephone, qq(Q/q to return):\n')
        #输入 q 或 Q 表示退出,结束插入记录的过程,返回主菜单
        if record in ('q', 'Q'):
            print('\tYou have stopped adding record.')
            return

        #正确的格式应该恰好包含 5 个英文逗号
        if record.count(',') != 5:
            print('\tformat or data error.')
            continue
        else:
            name, sex, age, department, telephone, qq = record.split(',')
            #性别必须是 F 或 M
            if sex not in ('F', 'M'):
                print('\tsex must be F or M.')
                continue
            #手机号和 qq 必须是数字字符串
            if (not telephone.isdigit()) or (not qq.isdigit()):
                print('\ttelephone and qq must be integers.')
```

```python
            continue

        #年龄必须是介于1~130的整数
        try:
            age = int(age)
            if not 1 <= age <= 130:
                print('\tage must be between 1 and 130.')
                continue
        except:
            print('\tage must be an integer.')
            continue

        sql = 'INSERT INTO addressList(name, sex, age, department, telephone, qq) VALUES("'
        sql = sql + name + '","' + sex + '",' + str(age) + ',"' + department + '","'
        sql = sql + telephone + '","' + qq + '")'
        doSql(sql)
        print('\tYou have add a record.')


def exist(recordId):
    '''本函数用来测试数据表中是否存在recordId的id'''
    conn = sqlite3.connect('data.db')
    cur = conn.cursor()
    cur.execute('SELECT COUNT(id) from addressList where id='
                +\str(recordId))
    c = cur.fetchone()[0]
    conn.close()
    return c != 0


def remove():
    '''本函数用来接收用户输入的id号,并删除数据库中该id对应的记录'''
    print('Delete records'.center(70, '='))

    while True:
        #输入q或Q,返回上一级目录
```

```python
        x = input('Please input the ID to delete(Q/q to return):\n')
        if x in ('q', 'Q'):
            print('\tYou have stopped removing record.')
            return

        #要删除的 id 必须是数字,并且已存在于数据库中
        try:
            recordId = int(x)
            if not exist(recordId):
                print('\tThis id does not exists.')
            else:
                sql = 'DELETE FROM addressList WHERE id=' + x
                doSql(sql)
                print('\tYou have deleted a record.')
        except:
            print('\tid must be an integer')

def listInformation():
    '''本函数用来查看所有记录'''
    sql = 'SELECT  *  FROM addressList ORDER BY id ASC'
    conn = sqlite3.connect('data.db')
    cur = conn.cursor()
    cur.execute(sql)
    result = cur.fetchall()
    if not result:
        print('\tDatabase has no record at this time.')
    else:
        #格式化输出所有记录
        print('All records'.center(70, '='))
        print('Id     Name    Sex    Age    Department    Telephone   QQ')
        for record in result:
            print(str(record[0]).ljust(6), end='')
            print(record[1].ljust(8), end='')
            print(record[2].ljust(7), end='')
            print(str(record[3]).ljust(7), end='')
```

```python
            print(record[4].ljust(18), end='')
            print(record[5].ljust(13), end='')
            print(record[6])
        print('=' * 30)
    conn.close()

def main():
    '''系统主函数'''
    print('Welcome to the addresslist manage system.')
    menu()
    while True:
        command = input('Please choose a command:')
        if command in ('L', 'l'):
            listInformation()
        elif command in ('D', 'd'):
            remove()
            menu()
        elif command in ('A', 'a'):
            add()
            menu()
        elif command in ('Q', 'q'):
            break
        elif command in ('H', 'h'):
            menu()
        else:
            print('\tYou have input a wrong command.')

#调用主函数,启动系统
main()
```

扫二维码查看源代码:

9.5 本章知识要点

（1）SQLite 是内嵌在 Python 中的轻量级、基于磁盘文件的数据库管理系统，不需要安装和配置服务器，每个数据库完全存储于单个磁盘文件中。

（2）Python 标准库 sqlite3 提供了 SQLite 数据库的访问接口，连接数据库之后可以通过 SQL 语句对数据进行增、删、改、查等操作。

（3）不同的数据库管理系统支持的 SQL 语句语法略有不同。

习题

1. 判断对错：使用 Python 编写程序操作 SQLite 数据库不需要再安装其他软件，直接使用标准库 sqlite3 就可以了。

2. 判断对错：一个 SQLite 数据库就是一个磁盘文件，备份这个文件就是备份数据库。

3. 判断对错：书写 SQL 语句时，SELECT、FROM、WHERE、ORDER 以及其他 SQL 关键字和函数都必须大写，如果小写会出错。

4. 阅读并练习例 9-1 的代码，分析一下还有哪些地方可以修改来适当提高运行速度。

第 10 章 大数据处理基础

本章重点介绍大数据的基本概念与主要特点,以及大数据处理框架 pySpark 编程的基础知识。

10.1 大数据的基本概念与主要特征

历史上有个著名的故事叫"草船借箭",故事的主人公诸葛亮对天象的观察实际上就是对风、云、温度、湿度、光照和所处节气等大量多元化的非结构数据进行综合分析,最终通过复杂的计算得出了正确的结论,正是他精准的预测才能有"万事俱备,只欠东风"的淡定,最终为决策提供了有力支持,这可以看作是大数据的一个经典应用。

大数据的概念自从提出来以后,迅速在各行各业得到广泛应用。饭店选址、客户口味分析、菜品销量预测、食材供应商原材料质量分析,企业运作的内在规律挖掘,调度管理,物流优化,社交网络,智能交通,城市规划,客户关系管理,智能推荐系统,智能定制广告与精准推送,信息安全,个人生活,等等。大数据不仅仅是对历史数据进行分析,更重要的是通过分析历史数据对未来进行精准预测,未雨绸缪,挖掘潜在的商机,预测并尽可能地避免危机。

目前在学术界公认的大数据四大特征如下。

(1) 数据量巨大。在过去的 20 年里全球数据量增长了 100 多倍,并且以越来越快的速度持续增长,数据量的单位已从 TB(太字节 Terabyte,1TB=1024GB=2^{40}B)级别跃升到 PB（Petabyte，2^{50} B）甚至 EB（Exabyte，2^{60} B）、ZB（Zettabyte，2^{70} B）、YB（Yottabyte，2^{80} B）级别。根据 IDC 的"数字宇宙"的报告，预计到 2020 年年底，全球数据使用量将达到 35.2ZB，英特尔公司则认为会超过 44ZB。

（2）数据类型繁多。非结构化数据越来越多，例如邮件、网络日志、音频、微信、微博、视频、图片和地理位置信息等，这对数据处理能力和算法提出了非常高的要求。

（3）价值密度低。例如，没有任何意外事件发生时，连续不间断的监控视频是没有任何价值的，而发生意外事件时连续若干小时的监控视频中真正有价值的数据很可能只有几秒。

（4）要求处理速度快。大数据时代的数据产生速度非常快，例如，1 分钟内新浪微博大概增加 2 万条信息，Twitter 产生超过 10 万条推文，Facebook 会产生 600 万次访问记录。可以说，在如此海量并且飞速增加的数据面前，处理数据的效率就是企业的生命，在某些企业秒级的延迟已经是能够容忍的极限。

一般而言，进行大数据处理时，首先要分析原始数据的质量，尤其是缺失值、异常值、重复数据和特殊符号等，通过精选数据样本，提高原始数据的可靠性、有效性，不仅能够节省系统资源，更重要的是提高探寻数据内在规律的准确性。然后再分析采样的数据的分布特征与类型、周期性、贡献度和相关性等各项指标。如何通过强大的计算能力和高效的算法更迅速地完成数据的价值"提纯"，是目前大数据背景下亟待解决的难题和重要的研究热点之一。另外，数据的来源直接导致分析结果的准确性和真实性，如果数据来源是完整的并且是真实的，最终的分析结果会更加准确，并且可以大幅度提高处理速度。

10.2 大数据处理框架 Spark 与 Python 编程

Spark 是一个基于内存的开源计算框架，其活跃度在 Apache 基金会所有开源项目中排第三位，其特点是基于内存计算，适合迭代计算，兼容多种应用场景，同时还兼容 Hadoop 生态系统中的组件，并且具有非常强的容错性。Spark 的设计目的是全栈式解决批处理、结构化数据查询、流计算、图计算和机器学习等业务和应用。

Spark 集成了 Spark SQL(分布式 SQL 查询引擎,提供了一个 DataFrame 编程抽象)、Spark Streaming(把流式计算分解成一系列短小的批处理计算,并且提供高可靠和吞吐量服务)、MLlib(提供机器学习服务)、GraphX(提供图计算服务)、SparkR(R on Spark)等子框架,为不同应用领域的从业者提供了全新的大数据处理方式,越来越便捷、轻松。

为了适应迭代计算,Spark 把经常被重复使用的数据缓存到内存中以提高数据读取和操作速度,Spark 比 Hadoop 快近百倍,支持 Java、Scala、Python、R 等多种语言,除 map 和 reduce 之外,还支持 filter、foreach、reduceByKey、aggregate 以及 SQL 查询、流式查询等。

旧时王谢堂前燕,飞入寻常百姓家。随着普通家用计算机(手机也早已进入多核时代,但如何在手机上搭建 Spark 环境不在本书讨论范围之内)进入多处理器和多核时代,完全可以在自己家的计算机上搭建 Spark 环境。当然,如果数据量大到一定程度的话,还是要在集群或云平台上部署的 Spark 环境中进行处理和计算。进行 Spark 应用开发时一般是先在本地进行开发和测试,通过测试后再提交到集群执行。下面以 Windows 10 平台为例介绍 Spark 环境的搭建和简单使用。首先安装 JDK 并配置环境变量 path,下载安装 Spark 并配置系统环境变量 HADOOP_HOME 和 SPARK_HOME 的值为 Spark 安装目录,使用 pip 工具安装扩展库 py4j,到 http://public-repo-1.hortonworks.com/hdp-win-alpha/winutils.exe 网址下载 winutils.exe 放到 Spark 安装目录的 bin 文件夹中,最后切换至命令提示符环境并切换到 Spark 安装目录中的 bin 文件夹,执行命令 pyspark.cmd,进入 Python 开发环境,如图 10-1 所示。可以看到,不仅可以使用 pyspark 库,还可以使用 Python 标准库和已安装的扩展库。

另外,在 Spark 的 bin 文件夹中还提供了 spark-submit.cmd 文件,这个文件是用来执行 Python 程序的,使用任意 Python 开发环境编写程序文件 hello.py,其中只有一行代码:

搭建 Spark 环境

```
图 10-1  pyspark 交互式开发界面
```

```
print('Hello world')
```

然后在命令提示符环境中提交该程序即可执行,如图 10-2 所示。

```
图 10-2  执行 Python 程序
```

下面的代码演示了 pyspark 的很少一部分功能和用法,更加详细的函数介绍请参考网址 http://spark.apache.org/docs/latest/api/python/pyspark.html。

```
>>> from pyspark import SparkFiles
>>> path = 'test.txt'
>>> with open(path, 'w') as fp:          #创建文件
        fp.write('100')
>>> sc.addFile(path)                     #提交文件
>>> def func(iterator):
```

```
        with open(SparkFiles.get('test.txt')) as fp:
            Val = int(fp.readline())          #读取文件内容
            return [x*Val for x in iterator]
>>> sc.parallelize([1, 2, 3, 4, 5]).mapPartitions(func).collect()
                                              #并行处理,
                                              #collect()返回包含 RDD 上
                                              #所有元素的列表
[100, 200, 300, 400, 500]
>>> sc.parallelize([2, 3, 4]).count()  #count()用来返回 RDD 中的元素个数
                                       #parallelize()用来分布本地的 Python 集合
                                       #并创建 RDD
3
>>> rdd = sc.parallelize([1, 2])
>>> sorted(rdd.cartesian(rdd).collect())#collect()返回包含 RDD 中的元素的列表
[(1, 1), (1, 2), (2, 1), (2, 2)]         #cartesian()计算两个 RDD 的笛卡儿积
>>> rdd = sc.parallelize([1, 2, 3, 4, 5])
>>> rdd.filter(lambda x: x%2==0).collect()    #只保留符合条件的元素
[2, 4]
>>> sorted(sc.parallelize([1, 1, 2, 3]).distinct().collect())
                                              #返回唯一元素
[1, 2, 3]
>>> rdd = sc.parallelize(range(10))
>>> rdd.map(lambda x: str(x)).collect()       #映射
>>> rdd = sc.parallelize([1.0, 5.0, 43.0, 10.0])
>>> rdd.max()                                 #最大值
43.0
>>> rdd.max(key=str)
5.0
>>> rdd.min()                                 #最小值
1.0
>>> rdd.sum()                                 #所有元素求和
59.0
>>> from random import randint
>>> lst = [randint(1, 100) for _ in range(20)]
>>> lst
[18, 55, 48, 13, 86, 23, 85, 62, 66, 58, 73, 96, 90, 16, 49, 98, 49, 69, 3, 53]
>>> sc.parallelize(lst).top(3)                #最大的 3 个元素
```

```
[98, 96, 90]
>>> sorted(lst, reverse=True)[:3]
[98, 96, 90]
>>> sc.parallelize(range(100)).filter(lambda x:x>90).take(3)
                                                #使用take()返回前3个元素
[91, 92, 93]
>>> sc.parallelize(range(20), 3).glom().collect()   #查看分片情况
[[0, 1, 2, 3, 4, 5], [6, 7, 8, 9, 10, 11, 12], [13, 14, 15, 16, 17, 18, 19]]
>>> sc.parallelize(range(20), 6).glom().collect()   #查看分片情况
[[0, 1, 2], [3, 4, 5], [6, 7, 8, 9], [10, 11, 12], [13, 14, 15], [16, 17, 18, 19]]
>>> myRDD = sc.parallelize(range(20), 6)            #6表示分片数
>>> sc.runJob(myRDD, lambda part: [x**2 for x in part])
                                                #执行任务
[0, 1, 4, 9, 16, 25, 36, 49, 64, 81, 100, 121, 144, 169, 196, 225, 256, 289, 324, 361]
>>> sc.runJob(myRDD, lambda part: [x**2 for x in part], [1])
                                                #只查看第2个分片的结果
[9, 16, 25]
>>> sc.runJob(myRDD, lambda part: [x**2 for x in part], [1,5])
                                                #查看第2和第6个分片上的结果
[9, 16, 25, 256, 289, 324, 361]
>>> sc.parallelize([1, 2, 3, 3, 3, 2]).distinct().collect()
                                                #distinct()返回包含唯一元素的RDD
[1, 2, 3]
>>> from operator import add, mul
>>> sc.parallelize([1, 2, 3, 4, 5]).fold(0, add)    #把所有分片上的数据累加
15
>>> sc.parallelize([1, 2, 3, 4, 5]).fold(1, mul)    #把所有分片上的数据连乘
120
>>> sc.parallelize([1, 2, 3, 4, 5]).reduce(add)     #reduce()函数的并行版本
15
>>> sc.parallelize([1, 2, 3, 4, 5]).reduce(mul)
120
>>> result = sc.parallelize(range(1, 6)).groupBy(lambda x: x%3).collect()
                                                #对所有数据进行分组
>>> for k, v in result:
        print(k, sorted(v))
```

```
0 [3]
1 [1, 4]
2 [2, 5]
>>> rdd1 = sc.parallelize(range(10))
>>> rdd2 = sc.parallelize(range(5, 20))
>>> rdd1.intersection(rdd2).collect()           #交集
[8, 9, 5, 6, 7]
>>> rdd1.subtract(rdd2).collect()               #差集
[0, 1, 2, 3, 4]
>>> rdd1.union(rdd2).collect()                  #合并两个 RDD 上的元素
[0, 1, 2, 3, 4, 5, 6, 7, 8, 9, 5, 6, 7, 8, 9, 10, 11, 12, 13, 14, 15, 16, 17, 18, 19]
>>> rdd1 = sc.parallelize('abcd')
>>> rdd2 = sc.parallelize(range(4))
>>> rdd1.zip(rdd2).collect()                    #两个 RDD 必须等长
[('a', 0), ('b', 1), ('c', 2), ('d', 3)]
>>> rdd = sc.parallelize('abcd')
>>> rdd.map(lambda x: (x, 1)).collect()         #内置函数 map()的并行版本
[('a', 1), ('b', 1), ('c', 1), ('d', 1)]
>>> sc.parallelize([1, 2, 3, 4, 5]).stdev()     #计算标准差
1.4142135623730951
>>> sc.parallelize([1, 1, 1, 1, 1]).stdev()
0.0
```

10.3 精彩例题分析与解答

例 10-1 借助于 pySpark 批量判断素数。

解析：下面的代码使用 Spark 来统计 100 000 000 以内的素数数量，在 32GB RAM、八核 CPU 的 64 位 Windows 10＋Spark 单机（笔记本计算机）平台上运行时间为 753s，约为在同样平台上不使用 Spark 情况下的七分之一。

例 10-1

```
from pyspark import SparkConf, SparkContext
from pyspark.sql import SQLContext
```

```
conf = SparkConf().setAppName("isPrime")
sc = SparkContext(conf=conf)
sqlCtx = SQLContext(sc)

def isPrime(n):
    if n < 2:
        return False
    if n == 2:
        return True
    if not n&1:
        return False
    for i in range(3, int(n**0.5)+2, 2):
        if n%i == 0:
            return False
    return True


rdd = sc.parallelize(range(100000000))
result = rdd.filter(isPrime).count()
print('='*30)
print(result)
```

扫二维码查看源代码：

10.4 本章知识要点

（1）大数据的特征有：数据量巨大、数据类型繁多、价值密度低、要求处理速度快。

（2）Spark 是一个基于内存的开源计算框架，处理速度非常快。

习题

根据本章描述的内容,在自己的计算机上搭建 Python+pySpark 环境,练习和验证本章的代码。

第 11 章 综合案例设计与分析

本章通过电子时钟、猜数游戏、通讯录管理程序、图片浏览程序以及温度单位转换这几个完整的案例来介绍 Python 的应用和 GUI 程序的开发过程。本章所有案例均使用 tkinter 进行界面设计,一般建议先搭建界面,然后逐步填充功能代码。

11.1　GUI 版电子时钟

下面的案例实现了电子时钟,使用 Label 组件实时显示当前日期和时间,涉及的知识主要有多线程与无标题栏、半透明、顶端显示、可拖动窗体的设计。多线程编程的内容超出了中学生的教学要求,所以本书并没有介绍,本例中只用到了一点有关的知识。可以这样理解,多线程是多任务并发执行的一种技术,不同的线程之间分工协作。本例中一个线程用来修改 Label 组件上的日期时间,还有一个线程用来处理用户鼠标的单击与拖动等操作。

另外,本例使用代码生成的 tkinter 界面,虽然需要手工输入的代码稍微有点多,但最终生成的代码比较简洁。如果不习惯使用代码生成界面,可以参考 11.4 节使用 PAGE 编写应用程序的例题。

```
import tkinter
import threading
import datetime
```

```python
import time

app = tkinter.Tk()
#不显示标题栏
app.overrideredirect(True)
#半透明窗体
app.attributes('-alpha', 0.9)
#窗口总是在顶端显示
app.attributes('-topmost', 1)
#设置初始大小与位置
app.geometry('110x25+100+100')

labelDateTime = tkinter.Label(app)
labelDateTime.pack(fill=tkinter.BOTH, expand=tkinter.YES)
labelDateTime.configure(bg='gray')

#变量 X 和 Y 用来记录鼠标左键按下的位置
X = tkinter.IntVar(value=0)
Y = tkinter.IntVar(value=0)
#表示窗口是否可拖动的变量
canMove = tkinter.IntVar(value=0)
#表示是否仍在运行的变量
still = tkinter.IntVar(value=1)

def onLeftButtonDown(event):
    #开始拖动时增加透明度
    app.attributes('-alpha', 0.4)
    #鼠标左键按下,记录当前位置
    X.set(event.x)
    Y.set(event.y)
    #标记窗口可拖动
    canMove.set(1)
#绑定鼠标单击事件处理函数
labelDateTime.bind('<Button-1>', onLeftButtonDown)

def onLeftButtonUp(event):
    #停止拖动时恢复透明度
```

11.1(1)

11.1(2)

```
        app.attributes('-alpha', 0.9)
        #鼠标左键抬起,标记窗口不可拖动
        canMove.set(0)
#绑定鼠标左键抬起事件处理函数
labelDateTime.bind('<ButtonRelease-1>', onLeftButtonUp)

def onLeftButtonMove(event):
    if canMove.get()==0:
        return
    #重新计算并修改窗口的新位置
    newX = app.winfo_x()+(event.x-X.get())
    newY = app.winfo_y()+(event.y-Y.get())
    g = '110x25+'+str(newX)+'+'+str(newY)
    app.geometry(g)
#绑定鼠标左键移动事件处理函数
labelDateTime.bind('<B1-Motion>', onLeftButtonMove)

def onRightButtonDown(event):
    still.set(0)
    t.join(0.2)
    #关闭窗口
    app.destroy()
#绑定鼠标右键单击事件处理函数
labelDateTime.bind('<Button-3>', onRightButtonDown)

#显示当前时间的线程函数
def nowDateTime():
    while still.get() == 1:
        now = datetime.datetime.now()
        s = str(now.year)+'-'+str(now.month)+'-'+str(now.day)+' '
        s = s+str(now.hour)+':'+str(now.minute)+':'+str(now.second)
        #显示当前时间
        labelDateTime['text'] = s
        time.sleep(0.2)
#创建线程
t = threading.Thread(target=nowDateTime)
t.daemon = True
```

t.start()

app.mainloop()

扫二维码查看源代码：

程序运行界面如图 11-1 所示，电子时钟总是在顶端显示，用鼠标左键按住电子时钟可以拖动，并且拖动时窗口的透明度会发生改变，右击可以关闭电子时钟程序。

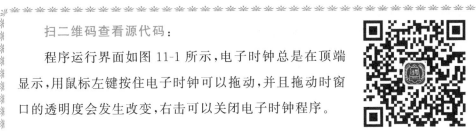

图 11-1　电子时钟运行截图

11.2　GUI 版猜数游戏

下面的代码使用 tkinter 实现了游戏主界面和所有交互界面，保存并运行之后，首先需要启动游戏并设置数值范围和最大允许猜数次数，然后才能在文本框内输入猜测的数字，程序会提示正确、数值过大或过小信息，玩家根据提示对下一次猜数进行调整，超过次数限制之后游戏结束并提示正确的数字，退出程序时显示战绩。

```
import random
import tkinter
import tkinter.messagebox
import tkinter.simpledialog

root = tkinter.Tk()
#窗口标题
root.title('猜数游戏——by 董付国')
#窗口初始大小和位置
root.geometry('280x80+400+300')
#不允许改变窗口大小
```

11.2（1）

```python
root.resizable(False, False)

#用户猜的数
varNumber = tkinter.StringVar(root, value='0')
#允许猜的总次数
totalTimes = tkinter.IntVar(root, value=0)
#已猜次数
already = tkinter.IntVar(root, value=0)
#当前生成的随机数
currentNumber = tkinter.IntVar(root, value=0)
#玩家玩游戏的总次数
times = tkinter.IntVar(root, value=0)
#玩家猜对的总次数
right = tkinter.IntVar(root, value=0)

lb = tkinter.Label(root, text='请输入一个整数:')
lb.place(x=10, y=10, width=100, height=20)
#用户猜数并输入的文本框,设置对应的变量
entryNumber = tkinter.Entry(root, width=140, textvariable=varNumber)
entryNumber.place(x=110, y=10, width=140, height=20)
#默认禁用,只有开始游戏以后才允许输入
entryNumber['state'] = 'disabled'

#关闭程序时提示战绩
def closeWindow():
    message = '共玩游戏 {0} 次,猜对 {1} 次! \n 欢迎下次再玩! '
    message = message.format(times.get(), right.get())
    tkinter.messagebox.showinfo('战绩', message)
    root.destroy()
root.protocol('WM_DELETE_WINDOW', closeWindow)

#按钮单击事件处理函数
def buttonClick():
    if button['text'] == 'Start Game':
        #每次游戏时允许用户自定义数值范围
        #玩家必须输入正确的数字
        while True:
```

11.2(2)

```python
        try:
            start = tkinter.simpledialog.askinteger('允许的最小整数',
                                        '最小数', initialvalue=1)
            break
        except:
            pass
    while True:
        try:
            end = tkinter.simpledialog.askinteger('允许的最大整数',
                                        '最大数', initialvalue=10)
            break
        except:
            pass
    #在用户自定义的数值范围内生成随机数
    currentNumber.set(random.randint(start, end))
    #用户自定义一共允许猜几次
    #玩家必须输入整数
    while True:
        try:
            t = tkinter.simpledialog.askinteger('最多允许猜几次？',
                                        '总次数', initialvalue=3)
            totalTimes.set(t)
            break
        except:
            pass
    #已猜次数初始化为 0
    already.set(0)
    button['text'] = '剩余次数:' + str(t)
    #把文本框初始化为 0
    varNumber.set('0')
    #允许用户开始输入整数
    entryNumber['state'] = 'normal'
    #玩游戏的次数加 1
    times.set(times.get()+1)
else:
    #一共允许猜几次
    total = totalTimes.get()
```

11.2(3)

```python
    #本次游戏的正确答案
    current = currentNumber.get()
    #玩家本次猜的数
    try:
        x = int(varNumber.get())
    except:
        tkinter.messagebox.showerror('抱歉', '必须输入整数')
        return
    if x == current:
        tkinter.messagebox.showinfo('恭喜', '猜对了')
        button['text'] = 'Start Game'
        #禁用文本框
        entryNumber['state'] = 'disabled'
        right.set(right.get()+1)
    else:
        #已猜次数加1
        already.set(already.get()+1)
        if x > current:
            tkinter.messagebox.showerror('抱歉', '猜的数太大了')
        else:
            tkinter.messagebox.showerror('抱歉', '猜的数太小了')
        #可猜次数用完了
        if already.get() == total:
            tkinter.messagebox.showerror('抱歉',
                                         '游戏结束了,正确的数是:' +
                                         str(currentNumber.get()))
            button['text'] = 'Start Game'
            #禁用文本框
            entryNumber['state'] = 'disabled'
        else:
            button['text'] = '剩余次数:' + str(total-already.get())
#在窗口上创建按钮,并设置事件处理函数
button = tkinter.Button(root, text='Start Game', command=buttonClick)
button.place(x=10, y=40, width=250, height=20)

#启动消息主循环
root.mainloop()
```

扫二维码查看源代码：

游戏运行初始界面如图 11-2 所示。

图 11-2 猜数游戏运行初始界面

11.3 GUI 版通讯录管理程序

在第 9 章介绍了一个不带界面的通讯录管理程序，通过键盘输入来选择不同的菜单来完成相应的功能。在本节，使用 tkinter 开发一个带界面的通讯录管理系统，使用这种方法更加方便。在开发 tkinter 应用程序时，一般是先创建窗口并在窗口上创建组件，然后为需要的组件编写和绑定事件处理函数，最后根据需要来提炼和编写通用的功能函数（例如下面代码中的 doSql() 和 bindData() 这两个函数）。

该系统完整的代码如下：

```
import sqlite3
import tkinter
import tkinter.ttk
import tkinter.messagebox

def doSql(sql):
    '''用来执行 SQL 语句，尤其是 INSERT 和 DELETE 语句'''
    conn = sqlite3.connect('data.db')
    cur = conn.cursor()
    cur.execute(sql)
    conn.commit()
    conn.close()
```

11.3(1)

```python
#创建tkinter应用程序窗口
root = tkinter.Tk()
#设置窗口大小和位置
root.geometry('500x500+400+300')
#不允许改变窗口大小
root.resizable(False, False)
#设置窗口标题
root.title('通讯录管理系统')

#在窗口上放置标签组件和用于输入姓名的文本框组件
lbName = tkinter.Label(root, text='姓名:')
lbName.place(x=10, y=10, width=40, height=20)
entryName = tkinter.Entry(root)
entryName.place(x=60, y=10, width=150, height=20)

#在窗口上放置标签组件和用于选择性别的组合框组件
lbSex = tkinter.Label(root, text='性别:')
lbSex.place(x=220, y=10, width=40, height=20)
comboSex = tkinter.ttk.Combobox(root, values=('男', '女'))
comboSex.place(x=270, y=10, width=150, height=20)

#在窗口上放置标签组件和用于输入年龄的文本框组件
lbAge = tkinter.Label(root, text='年龄:')
lbAge.place(x=10, y=50, width=40, height=20)
entryAge = tkinter.Entry(root)
entryAge.place(x=60, y=50, width=150, height=20)

#在窗口上放置标签组件和用于输入部门的文本框组件
lbDepartment = tkinter.Label(root, text='部门:')
lbDepartment.place(x=220, y=50, width=40, height=20)
entryDepartment = tkinter.Entry(root)
entryDepartment.place(x=270, y=50, width=150, height=20)

#在窗口上放置标签组件和用于输入电话号码的文本框组件
lbTelephone = tkinter.Label(root, text='电话:')
lbTelephone.place(x=10, y=90, width=40, height=20)
```

```python
entryTelephone = tkinter.Entry(root)
entryTelephone.place(x=60, y=90, width=150, height=20)

#在窗口上放置标签组件和用于输入QQ号码的文本框组件
lbQQ = tkinter.Label(root, text='QQ:')
lbQQ.place(x=220, y=90, width=40, height=20)
entryQQ = tkinter.Entry(root)
entryQQ.place(x=270, y=90, width=150, height=20)

#在窗口上放置用来显示通讯录信息的表格,使用Treeview组件实现
frame = tkinter.Frame(root)
frame.place(x=0, y=180, width=480, height=280)
#滚动条
scrollBar = tkinter.Scrollbar(frame)
scrollBar.pack(side=tkinter.RIGHT, fill=tkinter.Y)
#Treeview组件,分别设置6列的标题和宽度
treeAddressList = tkinter.ttk.Treeview(frame, columns=('c1', 'c2', 'c3',
                                                       'c4', 'c5', 'c6'),
                                        show="headings",
                                        yscrollcommand = scrollBar.set)
treeAddressList.column('c1', width=70, anchor='center')
treeAddressList.column('c2', width=40, anchor='center')
treeAddressList.column('c3', width=40, anchor='center')
treeAddressList.column('c4', width=120, anchor='center')
treeAddressList.column('c5', width=100, anchor='center')
treeAddressList.column('c6', width=90, anchor='center')
treeAddressList.heading('c1', text='姓名')
treeAddressList.heading('c2', text='性别')
treeAddressList.heading('c3', text='年龄')
treeAddressList.heading('c4', text='部门')
treeAddressList.heading('c5', text='电话')
treeAddressList.heading('c6', text='QQ')
treeAddressList.pack(side=tkinter.LEFT, fill=tkinter.Y)
#Treeview组件与垂直滚动条结合
scrollBar.config(command=treeAddressList.yview)

def bindData():
```

11.3(2)

```python
    '''把数据库里的通讯录记录读取出来,然后在表格中显示'''
    #删除表格中原来的所有行
    for row in treeAddressList.get_children():
        treeAddressList.delete(row)
    #读取数据
    conn = sqlite3.connect('data.db')
    cur = conn.cursor()
    cur.execute('SELECT * FROM addressList ORDER BY id ASC')
    temp = cur.fetchall()
    conn.close()

    #把数据插入表格
    for i, item in enumerate(temp):
        treeAddressList.insert('', i, values=item[1:])
#调用函数,把数据库中的记录显示到表格中
bindData()

#定义 Treeview 组件的单击事件,并绑定到 Treeview 组件上
#单击,设置变量 nameToDelete 的值,然后可以使用"删除"按钮来删除
nameToDelete = tkinter.StringVar('')
def treeviewClick(event):
    if not treeAddressList.selection():
        return
    item = treeAddressList.selection()[0]
    nameToDelete.set(treeAddressList.item(item, 'values')[0])
treeAddressList.bind('<ButtonRelease-1>', treeviewClick)


#在窗口上放置用于添加通讯录的按钮,并设置单击事件函数
defbuttonAddClick():
    #检查姓名
    name = entryName.get().strip()
    if name == '':
        tkinter.messagebox.showerror(title='很抱歉',
                                    message='必须输入姓名')
        return
    #姓名不能重复
```

```python
conn = sqlite3.connect('data.db')
cur = conn.cursor()
cur.execute('SELECT COUNT(id) from addressList where name="' + name + '"')
c = cur.fetchone()[0]
conn.close()
if c != 0:
    tkinter.messagebox.showerror(title='很抱歉',
                                 message='姓名不能重复')
    return
#获取选择的性别
sex = comboSex.get()
#检查年龄
age = entryAge.get().strip()
if not age.isdigit():
    tkinter.messagebox.showerror(title='很抱歉',
                                 message='年龄必须为数字')
    return
if not 1 < int(age) < 100:
    tkinter.messagebox.showerror(title='很抱歉',
                                 message='年龄必须在 1~100')
    return
#检查部门
department = entryDepartment.get().strip()
if department == '':
    tkinter.messagebox.showerror(title='很抱歉', message='必须输入部门')
    return
#检查电话号码
telephone = entryTelephone.get().strip()
if telephone == '' or (not telephone.isdigit()):
    tkinter.messagebox.showerror(title='很抱歉',
                                 message='电话号码必须是数字')
    return
#检查 QQ 号码
qq = entryQQ.get().strip()
if qq == '' or (not qq.isdigit()):
    tkinter.messagebox.showerror(title='很抱歉',
                                 message='QQ 号码必须是数字')
```

```
            return
        #所有输入都通过检查,插入数据库
        sql = 'INSERT INTO addressList(name,sex,age,department,telephone,qq) VALUES
('''
        sql += name + '","' + sex + '","' + age + ',"' + department + '","'
        sql += telephone + '","' + qq+ '")'
        doSql(sql)
        #添加记录后,更新表格中的数据
        bindData()
buttonAdd = tkinter.Button(root, text='添加', command=buttonAddClick)
buttonAdd.place(x=120, y=140, width=80, height=20)

#在窗口上放置用于删除通讯录的按钮,并设置单击事件函数
def buttonDeleteClick():
    name = nameToDelete.get()
    if name == '':
        tkinter.messagebox.showerror(title='很抱歉', message='请选择一条记录')
        return
    #如果已经选择了一条通讯录,执行 SQL 语句将其删除
    sql = 'DELETE FROM addressList where name="' + name + '"'
    doSql(sql)
    tkinter.messagebox.showinfo('恭喜', '删除成功')
    #重新设置变量为空字符串
    nameToDelete.set('')
    #更新表格中的数据
    bindData()
buttonDelete = tkinter.Button(root, text='删除', command=buttonDeleteClick)
buttonDelete.place(x=240, y=140, width=80, height=20)

root.mainloop()
```

扫二维码查看源代码:

说明:本例可以与第 9 章不带界面的通讯录管理程序共用同一个数据库。

该系统的运行主界面如图 11-3 所示。

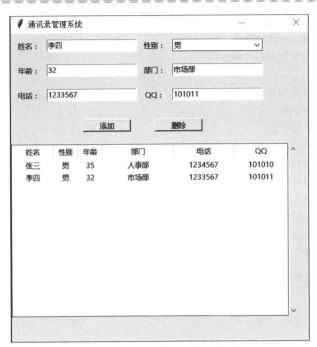

图 11-3　通讯录管理系统运行界面

11.4　GUI 版图片浏览程序

下面的程序需要首先使用 pip install pillow 安装扩展库 pillow 才能运行。代码思路是首先创建 tkinter 主程序界面，然后在窗口上创建 2 个按钮和 1 个 Label 组件，其中按钮用来切换图片，而 Label 组件用来显示图片内容。由于图片尺寸不一定和 Label 的大小正好相等，所以代码中对要显示的图片文件进行了必要的缩放处理。

11.4

```python
import os
import tkinter
import tkinter.messagebox
from PIL import Image, ImageTk

#创建tkinter应用程序窗口
root = tkinter.Tk()
#设置窗口大小和位置
root.geometry('430x650+40+30')
#不允许改变窗口大小
root.resizable(False, False)
#设置窗口标题
root.title('使用Label显示图片')

#获取当前文件夹中所有图片文件列表
suffix = ('.jpg', '.bmp', '.png')
pics = [p for p in os.listdir('.') if p.endswith(suffix)]

current = -1
def changePic(flag):
    '''flag = -1表示上一个,flag = 1表示下一个'''
    global current
    new = current + flag
    if new < 0:
        tkinter.messagebox.showerror('', '这已经是第一张图片了')
    elif new >= len(pics):
        tkinter.messagebox.showerror('', '这已经是最后一张图片了')
    else:
        #获取要切换的图片文件名
        pic = pics[new]
        #创建Image对象并进行缩放
        im = Image.open(pic)
        w, h = im.size
        #这里假设用来显示图片的Label组件尺寸为400×600
        if w > 400:
            h = int(h*400/w)
            w = 400
```

```
        if h > 600:
            w = int(w*600/h)
            h = 600
    im = im.resize((w, h))
    #创建 PhotoImage 对象,并设置 Label 组件图片
    im1 = ImageTk.PhotoImage(im)
    lbPic['image'] = im1
    lbPic.image = im1
    current = new

#"上一张"按钮
def btnPreClick():
    changePic(-1)
btnPre = tkinter.Button(root, text='上一张', command=btnPreClick)
btnPre.place(x=100, y=10, width=80, height=30)

#"下一张"按钮
def btnNextClick():
    changePic(1)
btnNext = tkinter.Button(root, text='下一张', command=btnNextClick)
btnNext.place(x=230, y=10, width=80, height=30)

#用来显示图片的 Label 组件
lbPic = tkinter.Label(root, text='test', width=400, height=600)
changePic(1)
lbPic.place(x=10, y=50, width=400, height=600)

#启动消息主循环
root.mainloop()
```

扫二维码查看源代码:

该系统的运行界面之一如图 11-4 所示,当然这取决于该程序的当前文件夹中有哪些图片可以显示。

图 11-4 图片浏览程序运行界面

11.5 GUI 版温度单位转换程序

前面几节的综合案例都是使用代码生成 tkinter 界面，每个组件的位置、大小、文字等属性都需要手工使用代码进行设置，对初学者要求比较高。本节使用 PAGE for Python 进行界面制作，通过将摄氏温度转为华氏温度的例子来演示 PAGE for Python 的用法。

第一步：启动 PAGE，并单击 Widget ToolBar 中的 Toplevel 按钮（即图 11-5 中的

箭头位置),出现 New Toplevel 1 窗口,通过拖拉边角使其呈现合适的大小。

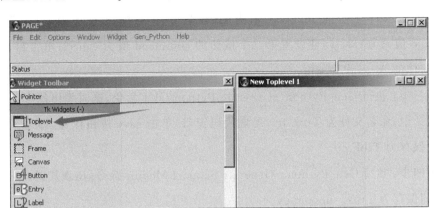

图 11-5　PAGE 制作程序界面

第二步:把左边的相应组件拖到 New Toplevel 1 中,并通过移动、拖放摆放好位置,如图 11-6 所示。

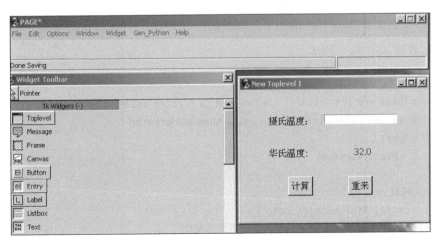

图 11-6　程序最终界面

设置第一个标签属性,即单击窗口中该组件后,即可修改 Attribute Editor 中的值,把 Allias 值改为 lbl1,把 text 值改为"摄氏温度:",把 font 值选为 12(font12)。同理设置好另外两个标签组件。

设置输入行文本框 text var 值为 C；设置第一个按钮 text 为"计算"，并把 command 值设为 calc；同理设置第二个按钮的 command 值为 cancel；单击窗口空白处，把窗体的 Alias 设为 win。

第三步：执行 Gen_Python→Generate Python GUI 命令，这时弹出保存 tcl 文件保存对话框，命名文件为 TtoF.tcl，出现代码窗口，单击 save 按钮保存，即在 tcl 文件目录下保存为 TtoF.py。

第四步：执行 Gen_Python→Generate Support Module 命令，出现代码，单击 save 按钮，即保存为 TtoF_support.py。

第五步：关闭 PAGE，用 IDLE 打开 TtoF.py，出现编码对话框，用默认的 CP936 确定即可进入编辑，完善代码，完成预定功能。

在 TtoF.py 中找到 top.title("New Toplevel 1")，改为 top.title("温度单位转换")，按 F5 键查看效果，会发现窗口标题发生了改变。

打开支持文件 TtoF_support.py，按下面的代码在适当位置进行改写，保存后运行程序，界面如图 11-7 所示。

```
def set_Tk_var():
    #These are Tk variables used passed to Tkinter and must be
    #defined before the widgets using them are created
    global C
    C = DoubleVar(0.0)

def calc():
    #print('TtoF_support.calc')
    F = 1.8*C.get() + 32.0          #计算华氏温度
    w.Label3['text'] = str(F)       #注意这里用 w.Label3 来引用组件
    sys.stdout.flush()

def cancel():
    #print('TtoF_support.cancel')
    C.set(0.0)
```

```
w.Label3['text'] = "32.0"
sys.stdout.flush()
```

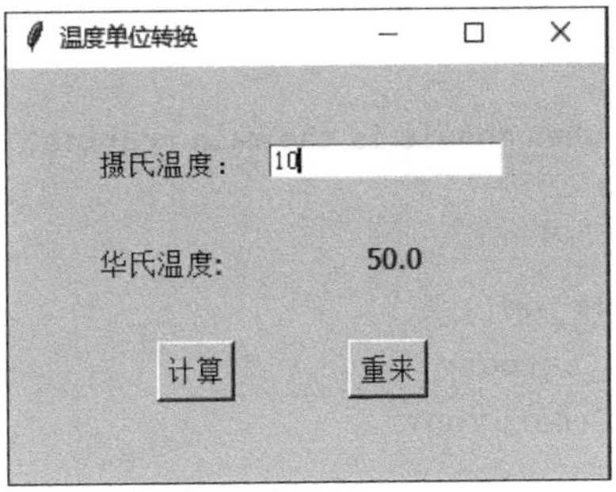

图 11-7　程序运行界面

由于组件布局及程序框架都已由 PAGE 帮助完成了,我们就可以把所有注意力集中在写核心算法的代码上,使得 GUI 编程变得快速、简便。PAGE 为了考虑 Python 2.x 与 Python 3.x 的兼容性,导入部分代码比较麻烦,显得有点啰唆,但不会影响编写核心代码。

下面是两个文件的完整代码,仔细阅读自动生成的界面代码可以更加深入地了解 tkinter 的工作原理。

(1) TtoF.py 源码:

```
import sys

try:
    from Tkinter import *
except ImportError:
    from tkinter import *

try:
    import ttk
    py3 = 0
except ImportError:
    import tkinter.ttk as ttk
```

```
py3 = 1

import TtoF_support

def vp_start_gui():
    '''Starting point when module is the main routine.'''
    global val, w, root
    root = Tk()
    TtoF_support.set_Tk_var()
    top = New_Toplevel_1 (root)
    TtoF_support.init(root, top)
    root.mainloop()

w = None
def create_New_Toplevel_1(root, *args, **kwargs):
    '''Starting point when module is imported by another program.'''
    global w, w_win, rt
    rt = root
    w = Toplevel (root)
    TtoF_support.set_Tk_var()
    top = New_Toplevel_1 (w)
    TtoF_support.init(w, top, *args, **kwargs)
    return (w, top)

def destroy_New_Toplevel_1():
    global w
    w.destroy()
    w = None

class New_Toplevel_1:
    def __init__(self, top=None):
        '''This class configures and populates the toplevel window.
           top is the toplevel containing window.'''
        _bgcolor = '#d9d9d9'      #X11 color: 'gray85'
        _fgcolor = '#000000'      #X11 color: 'black'
        _compcolor = '#d9d9d9'    #X11 color: 'gray85'
        _ana1color = '#d9d9d9'    #X11 color: 'gray85'
```

```python
_ana2color = '#d9d9d9'    #X11 color: 'gray85'
font12 = "-family Tahoma -size 11 -weight normal -slant roman " \
         "-underline 0 -overstrike 0"

top.geometry("316x213+381+93")
top.title("温度单位转换")
top.configure(background="#d9d9d9")

self.lbl1 = Label(top)
self.lbl1.place(relx=0.13, rely=0.19, height=19, width=91)
self.lbl1.configure(background=_bgcolor)
self.lbl1.configure(disabledforeground="#a3a3a3")
self.lbl1.configure(font=font12)
self.lbl1.configure(foreground="#000000")
self.lbl1.configure(text='''摄氏温度:''')
self.lbl1.configure(width=91)

self.txt1 = Entry(top)
self.txt1.place(relx=0.44, rely=0.19, relheight=0.08, relwidth=0.39)
self.txt1.configure(background="white")
self.txt1.configure(disabledforeground="#a3a3a3")
self.txt1.configure(font="TkFixedFont")
self.txt1.configure(foreground="#000000")
self.txt1.configure(insertbackground="black")
self.txt1.configure(textvariable=TtoF_support.C)

self.lbl2 = Label(top)
self.lbl2.place(relx=0.13, rely=0.42, height=24, width=81)
self.lbl2.configure(background=_bgcolor)
self.lbl2.configure(disabledforeground="#a3a3a3")
self.lbl2.configure(font=font12)
self.lbl2.configure(foreground="#000000")
self.lbl2.configure(text='''华氏温度:''')
self.lbl2.configure(width=81)

self.Label3 = Label(top)
self.Label3.place(relx=0.44, rely=0.42, height=19, width=131)
```

```
                self.Label3.configure(background=_bgcolor)
                self.Label3.configure(disabledforeground="#a3a3a3")
                self.Label3.configure(font=font12)
                self.Label3.configure(foreground="#000000")
                self.Label3.configure(text='''32.0''')
                self.Label3.configure(width=131)

                self.btn1 = Button(top)
                self.btn1.place(relx=0.25, rely=0.66, height=31, width=41)
                self.btn1.configure(activebackground="#d9d9d9")
                self.btn1.configure(activeforeground="#000000")
                self.btn1.configure(background=_bgcolor)
                self.btn1.configure(command=TtoF_support.calc)
                self.btn1.configure(disabledforeground="#a3a3a3")
                self.btn1.configure(font=font12)
                self.btn1.configure(foreground="#000000")
                self.btn1.configure(highlightbackground="#d9d9d9")
                self.btn1.configure(highlightcolor="black")
                self.btn1.configure(pady="0")
                self.btn1.configure(text='''计算''')
                self.btn1.configure(width=41)

                self.Button2 = Button(top)
                self.Button2.place(relx=0.57, rely=0.66, height=30, width=42)
                self.Button2.configure(activebackground="#d9d9d9")
                self.Button2.configure(activeforeground="#000000")
                self.Button2.configure(background=_bgcolor)
                self.Button2.configure(command=TtoF_support.cancel)
                self.Button2.configure(disabledforeground="#a3a3a3")
                self.Button2.configure(font=font12)
                self.Button2.configure(foreground="#000000")
                self.Button2.configure(highlightbackground="#d9d9d9")
                self.Button2.configure(highlightcolor="black")
                self.Button2.configure(pady="0")
                self.Button2.configure(text='''重来''')

        if __name__ == '__main__':
```

vp_start_gui()

(2) TtoF_support.py 源码：

```python
import sys

try:
    from Tkinter import *
except ImportError:
    from tkinter import *

try:
    import ttk
    py3 = 0
except ImportError:
    import tkinter.ttk as ttk
    py3 = 1

def set_Tk_var():
    global w
    #These are Tk variables used passed to Tkinter and must be
    #defined before the widgets using them are created
    global C
    C = DoubleVar(0.0)


def calc():
    F = 1.8 * C.get()+32.0          #计算华氏温度
    w.Label3['text'] = str(F)       #这里用 w.Label3 来引用组件

    sys.stdout.flush()

def cancel():
    C.set(0.0)
    w.Label3['text'] = "32.0"
    sys.stdout.flush()

def init(top, gui, *args, **kwargs):
```

```
        global w, top_level, root
        w = gui
        top_level = top
        root = top

    def destroy_window():
        #Function which closes the window
        global top_level
        top_level.destroy()
        top_level = None

    if __name__ == '__main__':
        import TtoF
        TtoF.vp_start_gui()
```

11.6　本章知识要点

（1）在编写 GUI 程序时，应首先搭建界面框架，然后填充各功能模块的代码，逐步对系统进行完善。

（2）使用 PAGE for Python 虽然能够快速搭建系统界面，但是会生成一些冗余代码，如果有能力的话，建议使用 tkinter 直接创建系统界面。

习题

阅读和练习 11.1 节的电子时钟程序，尝试修改日期时间的颜色和标签组件的背景色。

附录 A

Python 关键字清单

任何编程语言都提供了大量关键字来表达特定的含义，Python 也不例外。关键字只允许用来表达特定的语义，不允许通过任何方式改变它们的含义，不能用来作为变量名、函数名或类名等标识符。

在 Python 开发环境中导入模块 keyword 之后，可以使用 print(keyword.kwlist) 查看所有关键字，其含义如表 A-1 所示。

表 A-1　Python 关键字含义

关键字	含　　义
False	常量，逻辑假
None	常量，空值
True	常量，逻辑真
and	逻辑与运算
as	在 import 或 except 语句中给对象起别名
assert	断言，用来确认某个条件必须满足，可用来帮助调试程序
break	用在循环中，提前结束所在层次的循环
class	用来定义类
continue	用在循环中，提前结束本次循环
def	用来定义函数
del	用来删除对象或对象成员

续表

关键字	含义
elif	用在选择结构中,表示 else if 的意思
else	可以用在选择结构、循环结构和异常处理结构中
except	用在异常处理结构中,用来捕获特定类型的异常
finally	用在异常处理结构中,用来表示不论是否发生异常都会执行的代码
for	构造 for 循环,用来迭代序列或可迭代对象中的所有元素
from	明确指定从哪个模块中导入什么对象,例如 from math import sin
global	定义或声明全局变量
if	用在选择结构中
import	用来导入模块或模块中的对象
in	成员测试
is	同一性测试
lambda	用来定义 lambda 表达式,类似于函数
nonlocal	用来声明 nonlocal 变量
not	逻辑非运算
or	逻辑或运算
pass	空语句,执行该语句什么都不做,常用作占位符,比如有的地方从语法上需要一个语句但并不需要做什么
raise	用来显式抛出异常
return	在函数中用来返回值,如果没有指定返回值,默认返回空值 None
try	在异常处理结构中用来限定可能会引发异常的代码块
while	用来构造 while 循环结构,只要条件表达式等价于 True 就重复执行限定的代码块
with	上下文管理,具有自动管理资源的功能
yield	在生成器函数中用来返回值

附录B 常用Python扩展库清单

可以说,涉及各领域的广泛应用的扩展库是Python生命力如此之强的重要原因,这些扩展库几乎涵盖了人类所涉及的方方面面,并且功能更完善更强大的扩展库还在不断地涌现。

(1) 图形、图像、计算机视觉、游戏领域:pillow、pyopencv、pyopengl、pygame。

(2) 数据统计、科学计算可视化:numpy、scipy、matplotlib、pandas。

(3) 人工智能、大数据、并行处理、GPU加速:pycuda、pyopencl、theano、scikit-learn、NumbaPro、pySpark、tensorflow、pytorch。

(4) 密码学:pycryptodome、rsa。

(5) 网页设计:django、flask、web2py、Pyramid、Bottle。

(6) GUI开发:wxPython、kivy、PyQt、PyGtk、Page for Python(tkinter界面布局工具)。

(7) 自然语言处理:jieba、snownlp、pypinyin、chardet、NLTK。

(8) 系统运维:psutil、pywin32。

(9) 网络爬虫:scrapy、BeautifulSoup4。

(10) 数据库接口:pymssql、pyodbc、MySQLdb、pymongo。

(11) 软件分析、逆向工程:idaPython、Immunity Debugger、Paimei、ropper。

(12) 打包与发布:py2exe、pyinstaller、cx_Freeze。

参 考 文 献

[1] 董付国.Python程序设计[M].3版.北京：清华大学出版社,2020.
[2] 董付国.Python程序设计基础[M].2版.北京：清华大学出版社,2018.
[3] 董付国.Python程序设计实验指导书[M].北京：清华大学出版社,2019.
[4] 董付国.Python可以这样学[M].北京：清华大学出版社,2017.
[5] 董付国.Python程序设计开发宝典[M].北京：清华大学出版社,2017.
[6] 董付国.Python数据分析、挖掘与可视化[M].北京：人民邮电出版社,2020.
[7] 董付国.Python程序设计基础与应用[M].北京：机械工业出版社,2018.
[8] 董付国.大数据的Python基础[M].北京：机械工业出版社,2019.
[9] 董付国,Python程序设计实例教程[M].北京：机械工业出版社,2019.
[10] 董付国,应根球.Python编程基础与案例集锦(中学版)[M].北京：电子工业出版社,2019.
[11] 董付国.玩转Python轻松过二级[M].北京：清华大学出版社,2018.
[12] 凯·霍斯特曼,兰斯·尼塞斯.Python程序设计[M].董付国,译.北京：机械工业出版社,2018.